U0250807

帝王家的珠玉

许丽虹 梁慧 著

黄山书社

图书在版编目（CIP）数据

帝王家的珠玉 / 许丽虹, 梁慧著. –– 合肥 : 黄山
书社, 2022.7
（传统生活之美 ）
ISBN 978-7-5737-0241-8

Ⅰ. ①帝… Ⅱ. ①许… ②梁… Ⅲ. ①宝石—文化—
中国—古代—通俗读物②玉石—文化—中国—古代—通俗
读物 Ⅳ. ①TS933.21–49

中国版本图书馆CIP数据核字（2022）第145067号

帝 王 家 的 珠 玉   许丽虹　梁　慧　著
DIWANGJIA DE ZHUYU

出 品 人　贾兴权
责任编辑　张月阳
装帧设计　有品堂＿刘　俊　张俊香
出版发行　黄山书社（http://www.hspress.cn）
地址邮编　安徽省合肥市蜀山区翡翠路 1118 号出版传媒广场 7 层　230071
印　　刷　安徽联众印刷有限公司
版　　次　2022 年 10 月第 1 版
印　　次　2022 年 10 月第 1 次印刷
开　　本　880mm×1230mm　1/32
字　　数　200 千字
印　　张　9.25
书　　号　ISBN 978–7–5737–0241–8
定　　价　58.00 元

服务热线　0551-63533706
销售热线　0551-63533761
官方直营书店（https://hsss.tmall.com）

序 言

陈继昌

这是许丽虹与梁慧合作的"古珠之美"又一本书。

写古珠与古玉,可以有多种角度,她俩也做过多种尝试。这一本,听说要从"帝王家"出发,我坐直了身子:这段位有点高。

为何?帝王家的珠玉,哪怕小到一颗珠子,都体现出当时社会的最高审美情趣。而帝王家的审美情趣,是历史上种种纷繁复杂因素的最高凝结。很替她俩捏把汗。

拿到这本书的书稿后,我快速翻看,文字有一种读了就停不下来的节奏感,尤其是丰富的图片加强了文字的现场感,读着读着经常有恍然大悟、痛快淋漓之感,有时会放下书稿站起来走上几圈。

与其说这是一本写古珠玉的书,不如说是一本借古珠玉透视历史的书。历史与当下、政治与审美、信仰与经济、习俗与工艺,在书中融为一体,交相辉映。一口气快速浏览一遍,心中石头落地,又忍不住回头慢慢翻看。

　　这本书，真真应了一句话："小样本，大视角。"比如，说到大唐宝相花时，她俩追溯纹饰背后的历史脉络。"丝绸"与"武力"是唐太宗不断向西开疆拓土的两大武器：对归附友好者，赠丝绸奖励之；对抗拒者，军队开过去。由此，建立起唐朝在国际秩序中的主导地位。然而，在奖励丝绸的过程中，唐太宗感觉到了一些不对劲：我国产的丝绸，花式纹样不符合西域各国的口味。怎么办？唐太宗叫来窦师纶，交给他一项任务：设计出既有我国特色又符合西域人口味的丝绸纹样。于是，窦师纶创制出一系列改进版联珠纹。此后，大唐的丝绸不但风靡西域，在国内也掀起新的消费热潮。一是为唐太宗的外交政策添砖加瓦。丝绸先行，无往不利；二是为大唐带来了源源不断的财富；三是刺激国内消费，新王朝新气象，国力蒸蒸日上。窦师纶因此被封为"陵阳公"。"陵阳公样"发展到后来，外圈的花卉纹样越来越大，花卉环中的动物纹样逐渐消失，形成了完全由花卉组成的"团花"，即宝相花。

　　大唐崇尚浓郁艳丽的宝相花，到了北宋，皇宫里的女人们忽而清素起来。背后到底是什么在扭转审美方向？作者分析道：促成这个转变的因素之一是气候。宋代气温到底比现在冷多少？年平均气温降低了约3℃。别小看这3℃，气温每低1℃，会导致许多动物与植物的灭绝。在寒冷气候下，人的心境是不同的。宋代出现了理学，心境上强调"静观万物"。有人说宋代知识分子了不起，他们看不起汉唐，直追夏商周三代。换个角度看，这个太正常了，大汉大唐，气象盛大，气候温暖，与宋代社会所处的环境不一样。哪个朝代与宋代才相近呢？只有西周。西周与北宋，是气候曲线上的两个漏斗，形状接近。而所谓直追夏商周三代，"夏"无从追起；"商"大部分没有文字记载，追不到；其实真正追到的也就是西周。唐代气温高，人人气血外放，强调自我。宋代气温低，气血内收，低调保守。审美由繁、浓、艳转变为简、淡、雅。北宋女人们开始追求"薄妆"，或称"素妆"。珍珠，由此脱颖而出。

可谁能想到，美学风格的转变，会直接演变成北宋、辽、金三地政权的地震。女真（金）还是辽国部属时，有个小东西成了女真、辽、北宋三者的矛盾焦点。啥？就是珍珠。北宋向辽国购买珍珠。购买量之大，收益之丰，让辽国人笑得合不拢嘴。但辽国产珍珠的地方在东北，即其属下女真族的地盘。北珠是自然生长的，当时并不能人工养殖，因此数量是有限的。辽国无休无止的索取，导致海东青（天鹅从水里啄出珍珠蚌，海东青捕杀天鹅获取珍珠）及珍珠日渐稀少。海东青越难捕，横征暴敛就越厉害。契丹贵族除了向女真人索取海东青和珍珠以外，还要他们献上美女伴宿。开始只要未出阁的漂亮女子，后来连已婚的美貌妇女也不放过，搞得鸡犬不宁、天怒人怨。忍无可忍的女真首领完颜阿骨打揭竿而起，前后仅用 12 年时间，就将辽国、北宋两个王朝彻底推翻。

珍珠与王安石变法也是有关系的。宋神宗登基时，年方二十，血气方刚。他为了改变国库空虚而前方战事吃紧的局面，不惜翻出宫里的家底去变现。宫里的家底，值钱的要数珍珠。宋神宗下旨把内库的珍珠拿出来，带到河北四榷场（宋、辽交界处设置的互市市场）去卖，然后将获得的银两积攒起来用来买马。

珍珠有多少呢？一共两千多万颗，真不少啊。这些珍珠按照品级分成 25 个类别，按质量定价。宋神宗在皇宫里稳稳地打着算盘：闪亮亮的珍珠过去，一大批战马过来。可结果呢？大出所料。这批珍珠从首都汴梁运到边界河北四榷场，本应再运到辽国去。实际上，却是宋朝商人从河北四榷场将珍珠买下，再运回汴梁。宋神宗大跌眼镜。自小长在皇宫里的人哪里晓得生意经！本来嘛，你这珍珠是向人家辽国买的，辽国正因为北宋市场大才不断敲诈女真族上贡珍珠，现在你再卖回给他们，不等于江边卖水嘛，这生意怎么做得起来？这是其一。其二，宋朝从战略角度考虑，一直刻意限制北珠的流入，有限的珍珠进口后得优先供给朝廷。官宦人家、富商巨贾消费能力极强，却苦于买不到珍珠。宋神宗这一举措一出台，敏锐的商人们立即嗅到商机，相当于给他们下了一场甘霖。看来宋神宗不懂经济啊。这可能也是他后来一味依赖王安石变法的原因之一。

到了元代，元人最崇尚宝石。宝石美丽，聚集天地间强大的能量，价值高，而体积又小，便于携带，又因存世量少，保值功能明显。对于游走天地间、注重与万神沟通的游牧民族来说，珠宝是神奇的圣物，自古深受游牧民族的喜爱。崇尚宝石，游牧民族自古有之，但为何独独是元代的蒙古族将宝石带入了华夏社会？这就要说到蒙古帝国的版图。与元代同时存在的"黄金家族"控制的帝国还有东欧的金帐汗国（又称钦察汗国，1219 年—1502 年，成吉思汗长子术赤的封地），中亚一带的察合台汗国（1222 年—1683 年，成吉思汗次子察合台的封地），西北的窝阔台汗国（1251 年—1309 年，成吉思汗三子窝阔台之孙海都建立的汗国），西亚的伊儿汗国（又称伊利汗国，1256年—1335年，成吉思汗四子拖雷第六子旭烈兀驻扎之地）。所以说，忽必烈建立的元朝，只是成吉思汗庞大帝国的一部分。偌大的蒙古文化圈，也意味着同样大的商贸圈。正如《元史·地理六》所载："元有天下，薄海内外，人迹所及，皆置驿传，使驿往来，如行国中。"东欧、西亚、印度、中亚等珠宝产地到中原的商贸路线畅通无阻。结果必然是：异国宝石进口到中国的数量之大、品质之丰富，前所未有。

　　然后，作者笔锋一转，说到元代的玉帽顶。元代皇帝为何会赏给同为蒙古族的大臣一个玉帽顶？玉是汉民族崇尚的宝贝，在元代，汉人地位不是最低吗？由此说到忽必烈的"汉化"问题。再说到一个事件，如果元朝第二代皇后扶持堂弟阿难答坐上皇位的计谋成功，我国在14世纪初的几十年内伊斯兰化亦未可知。真是看得惊心动魄啊。

　　许丽虹说到当她在国家博物馆看到元代玉器时，再也不能淡定了。元代玉器选材之好、雕刻技艺之高超、意境之大气磅礴、题材之丰富多彩，都大大出乎她的意料。为什么？她俩探究的结果是：元代是我国历史上极少见的重视工艺的朝代。证据呢？有的。二十四史，仅仅只有《元史》有《工艺列传》。其他朝代都没有。其他朝代怎么可能有呢？士、农、工、商，工匠的位置只是第三等。但成吉思汗不同，他认为工匠的地位优于士、农。成吉思汗西征时，每攻陷一座城镇，往往要屠城，"惟工匠得免"，留下来使用。所以，中亚、西亚、印度等地的能工巧匠全留了下来，祖传手艺也全留了下来。来自这些地区的玉匠们，灵感彼此激发，技艺相互融合，你追我赶的气氛，岂是其他朝代可比？有人要说了，若论制作其他工艺品，你这话还说得过去。要论治玉，那还不是中原工匠一枝独秀！非也。新疆和田玉，至少从 8 世纪开始就已为中亚、西亚居民所知悉。10 世纪开始，新疆美玉之名更频繁地见于西域文献。隋代著名胡商何稠，其父何通便以治玉擅名。元代的玉帽顶，可谓处处有来源，是各种文化所结出的最顶端果实。

因为元代的影响，明朝皇室的传家宝竟然不是玉器，而是珠宝。这一点，很多人打问号。我刚一看到，也打了个问号。明朝时，并未听说中原大地哪里发现珠宝了。哪来的珠宝？皇室成员又为何会爱上珠宝？作者从明代帝王画像上的腰带讲起，将我们带回明成祖朱棣的永乐时代。讲郑和下西洋时如何买买买。比如与古里国（今印度西南部喀拉拉邦的科泽科德一带）做生意就很有意思。国王有两大头目，替他掌管国事。这两人俱是回族人，讲诚信。郑和的宝船到了，与国王的买卖全由这两人做主。双方说好日子，到时将各自货物都带去，逐一议价，商定，写好合同，清点好货物，当场交割。这边大生意做完，才轮到当地财主们。然而，看货议价，宝石、珍珠、珊瑚的生意，因为金额大，以货易货的话，计算起来非常麻烦，非一日能定，快则一个月，慢则两三个月。这边的买卖，国王让收税官看着，要收税的。

许丽虹感叹，可惜书上没有详细记载买卖宝石的细节。看宝、鉴宝、货比三家、讨价还价……有"捡漏"吗？有懊悔吗？有买到假货吗？这些遗憾，梁慧却能弥补。她把这些年来在国外采购宝石的种种经历逐一用语音通过微信发给许丽虹。比如她曾经和一个阿富汗供应商就一颗蓝宝石讨价还价了很久。对方开价是2000美金一克拉。那颗高古蓝宝石珠子，晶体很好，颜色很好，品相也完整，年份也非常古老。双方唯一的争议点就是打孔。它有一个打歪的孔洞，几乎要打到表面戳破珠子，然后二次打孔。那还是梁慧早期收集古珠的时候，她把它当成一个珠子来看，认为它在工艺上是有缺陷的。对方却坚持认为，按照宝石来讲这是一颗成色非常好的珠子，他觉得这个东西太宝贵了。晶体、颜色、品相都好的蓝宝石，本身就可遇不可求。对于硬度到达9的这种宝石，以2000多年前的打孔工艺，很容易就打歪掉。一方面是固定珠子难，越硬越容易打滑；另一方面研磨介质必须是比刚玉还硬的金刚砂。此外在整形、抛光方面都非常难。当然最后双方各退一步成交。现在梁慧明白了，只要是真正的古代蓝宝石，成色完全可以不计，都是稀罕宝物。现在在古珠领域，对真正的宝石类古珠，大家慢慢开始认识到其昂贵性，价格正脱颖而出。还有一次是买水晶。古代珠子的某些制作工艺，登峰造极，极具迷惑性。这导致现代很多商家因为不懂原材料，而将白水晶误认为钻石出售。因为工艺实在是太好了，水晶表面闪烁着钻石的那种强反光，跟含着高光的感觉特别像，所以他们认为那就是钻石珠子，准备按天价卖。这种时候，梁慧用很靠谱的仪器和理论告诉他们，这个就是水晶而已。许丽虹和梁慧一直以来就是如此相得益彰。

你们是否想知道，《杜十娘怒沉百宝箱》的百宝箱里到底有些什么宝贝？我国是怎么失去宝石胜地缅甸"抹谷小镇"的？一个少年皇帝的"御驾亲征"怎么影响了明朝的命脉？历史上在位时间最长的皇后是谁？对了，就是万历帝的孝端皇后。从大婚到离世，她居皇后位共 42 年。孝端皇后的凤冠究竟长什么样？国家博物馆有。当然，她俩对凤冠的剖析比博物馆的介绍更清楚。

到了清代，她俩说的是朝珠。为何中国历史上，偏偏只有清朝官服上有朝珠？提起朝珠，给人的印象除了 108 颗珠子，还有许多叮叮当当的东西。那不就是佛珠嘛，寺庙里的僧人挂的。这两者之间到底有没有关系呢？有的。满洲贵族建立的后金（即前清）向外发展时，其决策是：必须收服蒙古，联合并借助蒙古的力量来进取中原。收服蒙古的手段有三：一是广泛与蒙古各部的王公们联姻，以此来加强和维系满蒙贵族的政治联盟；二是大力扶持与尊崇藏传佛教（黄教），以笼络蒙古族；三是利用蒙古各部间内部矛盾，进行分化瓦解，对归顺者加官封爵。其中，宗教的力量居功至伟。在满洲，主体宗教亦由萨满教转为黄教。黄教当然投桃报李。他们宣传"满洲"是梵文"曼珠"的转音，称清统治者为"曼殊室利"，即文殊菩萨。总之，宗教与政治两股力量就这么拧在一起并固定了下来。黄教使用的一种宗教物品叫念珠，是诵经时用来计算次数的成串珠子。满洲贵族十分喜爱这些经高僧作法祈福过的念珠，随身佩挂当作护身的吉祥物。后来，清政权建立后，念珠就作为朝珠被固定在服饰礼仪里。

小小一盘朝珠，既然上升到国家礼制的高度，含义可大了去了。朝珠主要由身子、结珠、佛头、绦带、背云、大坠、纪念、小坠八个部分组成。所有的朝珠中，最为尊贵的是东珠朝珠。东珠朝珠只有皇帝、皇太后和皇后才能佩戴。其他人，即使贵为皇子、亲王，也不得使用。在故宫博物院现存的大量朝珠藏品中，东珠朝珠仅 5 件，可见其稀罕程度。东珠不就是珍珠吗？珍珠难道比宝石还尊贵？某样东西尊不尊贵，除了世俗认同的价值外，还与当时统治者的推崇密切相关。清朝统治者与东珠究竟有着怎样的渊源？为何慈禧太后对一副小小的东珠耳环念念不忘？还有，曾国藩为何一定要买一盘假蜜蜡朝珠来佩戴？都是一些很有趣的故事。梁慧说，从实物看，西藏的念珠，一看就是多年贴身佩戴，甚至一世传一世，很质朴，可能还有点脏。但朝珠给人的感觉是等级森严，很隆重。两者气质完全不一样。也许，珠子还是那些珠子，是文化融入其中，在我们脑海里刻下不同的印记。

　　所以说，玩收藏，到后来玩的都是见识。玩出来，即见识高远。所谓"高"，即见识了每个文明的最精华部分，是文明顶端形成的审美情趣、生活方式以及与之相应的工艺技术。所谓"远"，即见识了历史上的各朝各代，地理上的五湖四海。书中还有个例子：北宋朝廷没收了一批南海珍珠，宋仁宗挑了大颗的送给张贵妃做首饰。当时，张贵妃是宋仁宗心尖尖上的人，不但获专宠，宋仁宗还动过废掉曹皇后改立她的念头。北宋市场上，珍珠本就是炙手可热的奢侈品，仁宗这一赏，起到了推波助澜的作用。京城珠价上涨数十倍。奢靡之风已起，宋仁宗感到不妙。怎么办呢？对自己所爱之人，这个男人的温存充满智慧。宫里举办宴会，宋仁宗看见张贵妃戴着珍珠首饰来了，故意不正视她，说："满头白纷纷，也没个忌讳！"张贵妃惶恐不已，赶紧退下除去珍珠头饰。宋仁宗大喜，命宫女们剪来牡丹花，赏给妃嫔们。没几天，京城珠价顿减。上有所好，下必甚焉。帝王开个头，万民效仿，整个社会风气为之转变。

从帝王的角度看，真的是"一览众山小"。我想，这也是她俩从"帝王家"写珠玉的出发点吧。她俩收藏古珠古玉也有近二十年的时间了。因有这个背景，对帝王家的东西，热爱里有一种"寻常"，见怪不怪。再珍贵的珠宝玉器，她俩没有"惧意"，一如既往地欣赏、分析、写作。所以说，一个人的气度该怎么看？气，可以是当下的。但"度"，心里非要有厚重的历史沉淀不可。她俩说，对于收藏，增值只是最细枝末节的事情，其主要意义在于：它为你打开了高端文明的大门。你这一辈子遇不到的文明花季，它展示细节让你感受……她俩感受到了其中的美妙，禁不住要传递给更多的人。

读完本书，我不禁感叹：帝王家的珠玉，在任何历史阶段都是军事、经济、文化、宗教等各方面因素凝结的产物，其身上折射的信息何其密集。感谢两位作者的默默付出。2020 年她俩动笔时，正值新冠肺炎疫情肆虐之时。上半年基本不能外出，下半年集中了一年的工作量，辛苦程度可想而知。这种情况下，她俩仍能见缝插针完成作品，不知疲倦地收集资料，每一个知识点不找到出处绝不放过自己，锲而不舍地追根溯源，不停地推倒重来追求完美……在此，我为她俩大大地点个赞。

二〇二〇年冬
于台北思素堂

目　录

辑二　辽的摩竭与琥珀

辑三　你看你看，宋代皇后的脸

辑四　元代的宝石帽顶

辑六　清皇室酷爱的朝珠

大唐宝相花

宝相花曾经是困扰我很久的一种花。

之所以被困扰，是因为我将其理解为"一种花"。桃花、杏花、栀子花、绣球花、牡丹花，等等，都是指某一类花。无论你怎样画、怎么雕刻、怎么镶嵌，各种变形，这类花的特征还是能认得出来。

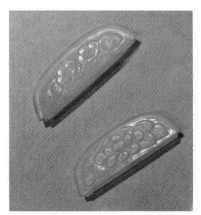

唐·宝相花玉梳背
作者摄于浙江大学艺术与考古博物馆

有时同一种花有多个名称。如荷花，又叫莲花、芙蕖、水芸、泽芝、菡萏、芙蓉、凌波仙子，等等。名字纷乱迷眼，但图画一出来，一眼就明白。

那么宝相花是一种什么花？多年前，在梁慧那儿看到一块老蜜蜡，花纹繁复，非常好看，便问："这是什么花？"梁慧答："宝相花。"后来在一朵明清玉花片上，又看到类似的花纹，梁慧依然说是宝相花。可明明，这花与那花不是同一种啊。

宝相花最多出现在簪子头上。金簪、银簪、玉簪，一头有一块圆圆的凸起，凸起处雕刻一朵饱满的宝相花，充满富贵圆融的气息。

有时走在路上也能看到宝相花。一次查资料，说茅家埠的上香古道中间铺着一米多宽的青石板。古道上有座通利桥，桥心的"龙门石"上刻有宝相花图案。为此，我还特意去找，果真有。西湖边的石板上，也常见宝相花。

对了，我还是没说出宝相花是一种什么花。

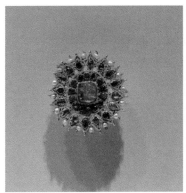

清·金嵌珠宝圆花
作者摄于故宫博物院

一、宝相花到底是何种花?

1. 宝相花不是一种花

先看一张图。

唐·宝相花三色瓷盘
作者摄于南宋官窑博物馆

你能说出这是一种什么花吗？

其实，宝相花不是一种花的花名，而是指多种花卉按一定规律排列而成的花卉组合。宝相花有四要素：

（1）圆形（或圆的变形）

（2）主花（为主的花）

（3）宾花（次要的花）

（4）放射状

宝相花的结构基本可概括为"〇＋米"。有一个中心点，往往是花蕊或花朵。外圈是主花，均匀排列。主花四周都用宾花来填充，从而产生简单意义上的四方连续。四方连续再向外扩展，演变成八方环绕。层层演变中配以多层次的晕色。花纹首尾相连，无穷无尽，找不到起点，也看不到终点，形成一种饱满、富贵、纷繁的圆融之美。

宝相花里的花，以牡丹、莲花等为主，融合菊花、石榴花等多种花型，是对多种花卉的集中、提炼。有的宝相花，是"花＋卉"组合，卉可以是缠枝、卷草纹等；有的宝相花，是"花＋卉＋鸟兽"的组合。当然，还有更多的组合。

我这么一说，你马上想起什么了？很多人会脱口而出：日本正仓院的唐代螺钿制品。对了，正仓院所藏的螺钿紫檀五弦琵琶、螺钿紫檀阮咸、漆背金银平脱八角镜、银平脱八棱镜匣、黄金琉璃钿背十二棱镜、漆金箔绘盘等，都是唐代宝相花的优秀代表。

我们来举例说明。

2. 日本正仓院所藏的唐代螺钿宝相花

例一：平螺钿背八角镜

该镜是日本《国家珍宝帐》中记录的 20 面镜子之一。镜身为青铜所铸，镜形呈八角花瓣。镜背面饰以宝相花，花纹华丽，犹如天宫之物。

该宝相花花朵层层绽放，花光明灭，十分绚丽。主花是集合体，如牡丹似菊花。宾花有各类枝叶。花花叶叶间，不但有成对的鸟儿，还有自成一体的小宝相花。大小宝相花层层嵌套，意象无穷。

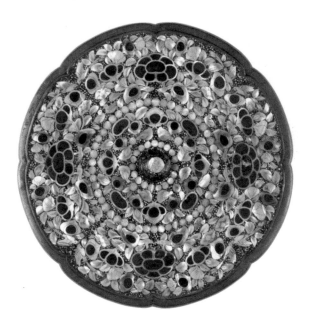

唐·平螺钿背八角镜
日本正仓院藏

例二：螺钿紫檀五弦琵琶

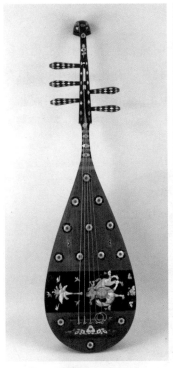

唐·螺钿紫檀五弦琵琶
日本正仓院藏

"哇！不愧是大唐盛世！"很多人只看一眼，就会发出如此感慨。这把螺钿紫檀五弦琵琶虽历经一千多年，依旧华光四射。

琵琶除面板为桐木外，其他材质均为紫檀。周身镶嵌大小宝相花。面板上错落有致地排列了 13 个六瓣小团花。背面更是极其繁复。从上到下由三朵宝相花组成一个"水滴形"视角，像闪闪发光的宝石。最下面的宝相花，由"花＋缠枝纹"组成，充满整个琵琶大肚，美轮美奂。

正仓院唐代藏品的宝相花之所以举世闻名，还在于制作宝相花的工艺。盛唐时期的宝相花，由精美的螺钿、玳瑁、琥珀、绿松石、青金石等名贵材质组成。

造成花光明灭效果的，是制作宝相花的螺钿。这里的"螺"是一种夜光贝的贝壳，"钿"指镶嵌。镶是贴在表面，嵌有夹在中间的意思。螺钿就是把贝壳切割、磨制成人物、花鸟等图案薄片，用大漆作黏合剂镶嵌在器物表面的一种装饰工艺。

贴在宝相花上的螺钿片，取材

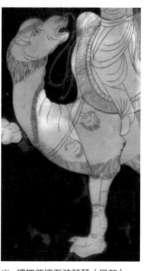

唐·**螺钿紫檀五弦琵琶**（局部）
日本正仓院藏

老的螺钿珠、砗磲珠、
海螺珠
作者自藏

于贝壳的最佳部位，色彩天然、光泽美丽。经分层剥离和磨制后，
用阴线刻出花纹。前面举例的两件宝贝的宝相花贝壳片，都有黑
线雕。即先用阴线刻出花叶的纹理以及鸟儿的羽毛纹理，再将线
条颜色加深，在莹润的夜光贝上营造出一种立体感。在光线的映
衬下，会有明暗闪烁、熠熠生辉的效果。

　　说起螺钿，古珠里就有螺钿珠子。其实是螺珠，但"螺钿"
连在一起说惯了，就说成了螺钿珠子。初看，螺钿珠与砗磲、海
螺珠子差不多。细看，螺钿珠特别幼滑，且有类似猫眼那种光晕，
阳光下泛着七彩之光，十分美丽。

　　螺钿紫檀五弦琵琶的宝相花上，那富有贵气的红色（有时是
红橙色）材质是琥珀。琥珀是松脂化石，有着玉一样的光泽和晶
莹度。琥珀的加入，一方面突出了宝相花的主花，使图案更加立
体、清晰；另一方面，琥珀的莹润与夜光贝的七彩宝光交相辉映，
更显得宝相花晶莹剔透，瑰丽异常。由于琥珀材质较为名贵，盛
唐以后，乐器漆艺中已经极少出现了。

　　有时，为了更加美观，在螺钿之间的漆地上还会填入玳瑁、
绿松石、青金石等宝石，这样就更加五彩斑斓，如霞似锦。以上

唐·螺钿紫檀五弦琵琶（局部）
日本正仓院藏

例子中，平螺钿背八角镜底色中撒满绿松石碎屑，螺钿紫檀五弦琵琶则用玳瑁镶嵌成花瓣边框。

螺钿制作的宝相花，是最美的宝相花，随着角度不同，光影流转明灭，就像真的一样。它们是宝相花最好的代言人。

日本正仓院的国宝是不容易见到的。正仓院珍藏的，都是日本圣武天皇（701—756）生前最爱的贵重器物。圣武天皇在位期

唐·平螺钿背八角镜
（局部）
日本正仓院藏

唐·螺钿紫檀五
弦琵琶（局部）
日本正仓院藏

间，正逢我国唐代的开元盛世。圣武天皇酷爱大唐文化，派遣了大量遣唐使、学问僧至中国，不但带回了丰富的唐朝宝物，还带回了知识和技能。因此，正仓院的藏品，有些是从大唐带回去的，有些则是日本人学会技能后自己制作的。

在长达千年的时间里，普通人是不可能看到正仓院宝物的。据记载，自正仓院落成至明治期间，只进行过 12 次清点曝晾。自 1946 年开始，正仓院才有了一年一度的对外展览。展览只开放两到三周，时间选在秋季，因为此时气候条件最利于文物的保护。比如 2019 年，正仓院宝物展在日本奈良国立博物馆和东京国立博物馆举行，时间分别为 10 月 26 日—11 月 14 日和 10 月 14 日—11 月 24 日。

每年仅有一次展览，每年的展品也是在更换的，所以一个人一生能亲眼得见正仓院宝物的数量极为有限。

不过没关系，咱就近，去西湖边玉皇山路的中国丝绸博物馆看看。

3. 中国丝绸博物馆的宝相花

在中国丝绸博物馆二层展厅"锦程——中国丝绸与丝绸之路"展中，挂有一幅"立狮宝花纹锦"。

此乃"花卉+鸟兽"组合的宝相花。它以大窠花卉为环，环中是一只站立的狮子，环外以花卉纹作宾花。花的造型如牡丹，花蕾如石榴花。虽只有蓝白两色，花纹也不完整，但大唐的气息扑面而来，尽显盛世的华贵。

唐·立狮宝花纹锦
作者摄于中国丝绸博物馆

立狮宝花纹锦图案复原
（中国丝绸博物馆供图）

也巧，刚在杭州看了"立狮宝花纹锦"，就去了北京，在国家博物馆看到这个"葵口三足狮子纹鎏金银盘"。一只回头嘶吼的狮子，肌肉饱满、威猛雄沉。盘子边缘饰有牡丹花纹，风格与"立狮宝花纹锦"何其相似，只是牡丹纹一密一疏而已。

关于这个盘子的名称，我还闹了笑话。我说，奇怪，明明有四足啊，为何取名"三足"？梁慧平静地说，三足是指盘子有三足，不是说狮子。

这纷繁富贵的宝相花，其组合是怎么形成的？往前追，我们能看到其简单款式，即"○＋十"结构。

唐·葵口三足狮子纹鎏金银盘
作者摄于国家博物馆

二、宝相花的起源

4. 柿蒂纹与宝相花

唐诗中有首《杭州春望》，是白居易留给杭州这个城市的礼物。其中有句云："红袖织绫夸柿蒂，青旗沽酒趁梨花。"城里人赶在梨花开时在青旗门前争买梨花春酒，而红袖少女在夸耀啥呢？杭州本土织出来的绫。因为绫上那个花纹好看！什么花纹呢？柿蒂纹。

柿蒂，顾名思义就是柿子的蒂。即柿子成熟后，从树上摘下来，留在柿子头凹陷处的花蒂。

有一年年底，梁慧从台湾回来，递给我一个橘红色的罐子。一个大柿子？她说："快过年了，取'柿柿如意'的意思，选了暖色调的柿子罐作为茶叶罐。里面是乌龙茶，你喝喝看。"我也没在意。过了段时间打开一喝，哇！味道绝了。

白居易看到过的柿蒂纹杭绫，我们无缘得见，但我们现在能看到古代的柿蒂纹。

在国家博物馆，有一件西汉的鎏金青铜尊，其盖纽处即为柿蒂纹。原来，柿蒂

陶瓷柿子罐

西汉·鎏金青铜尊
作者摄于国家博物馆

纹并不是杭州织女的发明，而是古已有之，是一种源远流长的花纹。

唐代也许非常流行柿蒂纹，来看国家博物馆收藏的唐代"玛瑙花瓣盏托"，其四片对称花瓣即为柿蒂纹，可以据此想象一下白居易描述的杭绫上的柿蒂纹。

唐·玛瑙花瓣盏托
作者摄于国家博物馆

　　柿蒂纹就是唐初典型的宝相花结构，即前面提到过的"○＋十"结构。这类简单的宝相花，只需上下、左右填上对称的花、卉、鸟兽即成。

唐·花鸟纹长斑锦御轼（局部）
日本正仓院藏

唐·花鸟纹锦（复制）
作者摄于国家博物馆

　　简单款式的柿蒂纹"〇＋十"结构，怎么会发展成宝相花？这就不得不说到波斯联珠纹。

5. 隋文帝与联珠纹

　　联珠纹，简单说就是一个圆形图案。外圈由珠子般的原点组成，珠圈内有鸟兽、树、人物等。其形成可追溯到几千年之前。在古埃及象形文字中，国王及王后的名字是用边框框起来的。有个框围起来，起到醒目的作用，显示出王者的尊贵。

古埃及黄金戒指
法国卢浮宫藏

　　典型的联珠纹成熟于波斯。那么波斯联珠纹有无进一步东传，到达中原呢？有的。

　　《隋书》中专门列有《何稠传》。何稠，初看是汉人的名字，其实，他来自一个粟特家庭。据日本史学家桑原骘藏和中国学者向达先生考证，何稠出生于一个活跃在丝绸之路上的古老民族，即粟特族（约在今乌兹别克斯坦）。粟特人以善于经商而闻名于欧亚大陆。

　　何稠的爷爷因经商进入西蜀，在四川郫县安家。又因其见多识广，熟悉各地货源情况及特点，很会做生意，被梁武陵王萧纪（梁武帝萧衍第八子）看中，召他在手下专门从事金帛买卖。何稠的爷爷也借此成为巨富，号称"西州大贾"。

　　"西州大贾"的两个儿子不得了。一个叫何通，即何稠的父

亲，是有名的玉雕工艺大师，手艺顶呱呱。还有一个叫何妥，即
何稠的叔叔。这个人不但博学多才，机敏聪慧，还有顶级生意人
的巧舌，常常把汉家大儒驳得哑口无言。后来他做到隋文帝杨坚
时的国子博士，相当于隋代最高学府的教授。

北朝 "房屋形石椁" 上的粟特人
作者摄于国家博物馆

何稠出生于这样的家族，既具有国际化的视野，又深谙中原人的文化。《隋书》卷六十八列传第三十三记载："开皇初……波斯尝献金绵锦袍，组织殊丽。上命稠为之。稠锦既成，逾所献者，上甚悦。"

唐·波斯锦袍
展于"丝绸之路上的文化交流：吐蕃时期艺术珍品展"

隋朝开国皇帝杨坚虽为汉人，但一直与鲜卑、突厥等马上民族打交道，其审美是多样化的。波斯来的金绵锦袍，美丽异常，深获他心。波斯锦袍到底有多美？来看一件波斯传到吐蕃的参照物。

杨坚觉得这个锦袍真是美啊。他问何稠，我们自己能不能织出来呢？何稠一看，这不就是我老家的东西嘛，没问题。

何稠织出来的锦袍，杨坚一看吓一跳。"稠锦既成，逾所献者"，竟然比波斯献上来的还要美，龙颜大悦。

"逾所献者"这四个字，也许你扫一眼也就过去了，我们却停留好长时间。

"逾"，是超越，那到底表现在哪些地方？联想到隋朝开国时，琉璃工艺已经绝迹，而何稠引进中亚制作琉璃的技艺，复烧出一种绿色琉璃，会不会是将细小的绿琉璃珠钉在锦袍的联珠纹上，以绿琉璃珠覆盖珠纹，从而达到一种流光溢彩的效果？

隋·琉璃围棋子
陕西历史博物馆藏

唐·琉璃瓶
作者摄于南宋官窑博物馆

6. 联珠纹与宝相花

经由像何稠这一类人的铺垫，大唐来临时，联珠纹的因子已深埋其中。

先来欣赏两幅正宗的波斯联珠纹挂锦。

2019年7月—10月，敦煌研究院与美国普利兹克艺术合作基金会联袂举办了一场以吐蕃为主题的文物大展——"丝绸之路上的文化交流：吐蕃时期艺术珍品展"。其中有几件联珠纹织锦，令人叹为神物。

据展览介绍，这种大幅挂锦主要用于吐蕃贵族的营帐。吐蕃王和主要氏族首领每年都要集会，他们将朝堂设在毡帐里。毡帐之庞大，可以轻松容纳一百多人。作为游牧民族最高等级的权力中心，毡帐相当于农耕民族的皇宫，其富丽堂皇不言而喻。

毡帐常饰以金银制品和织锦，因此也被称为"金帐"。久而久之，"金帐"成了权力的代表。成吉思汗长子一支建立的钦察汗国，也被称为金帐汗国。

　　挂在吐蕃贵族营帐内的这两大幅联珠纹织锦，来自中亚，代表了7世纪中期至8世纪（约为我国唐代）丝绸之路沿线织造工艺的最高水平，堪称世所罕见。

　　这件团窠对鹿纹挂锦绘有异常硕大的团窠纹样，需要横跨织机方能织成，足见当时织造技艺之精湛。其特点有二：

　　（1）图形纹样的边框外有一圈半圆形装饰，上面绘有公羊、狗、虎等依次奔腾而过的动物，形态栩栩如生。

7 世纪中期至 8 世纪·团窠对鹿纹挂锦
美国芝加哥普利兹克基金会藏
图片来自《莫高窟里的"吐蕃传奇"：敦煌展海内外吐蕃时期
艺术珍品》（澎湃新闻）

（2）联珠纹内边，由花边围成大圈。大圈内，一对鹿面对面站立在生命树两旁。鹿的头上长着漂亮的枝形角，脖颈处系有绶带。鹿身肥壮，身上布满斑点纹，脚下有小朵的联珠纹代表花朵。

这件挂锦的尺寸，我初看时以为看错了。在我们的印象里，挂锦是挂在墙上的，有个 0.5 米高已经差不多了。但这件高 1.92 米，宽 1.6 米。目前，该挂锦收藏于美国芝加哥普利兹克基金会。

另外这件叫联珠纹团窠对鹿纹挂锦，主题仍是双鹿面向生命树。主体图案的边廓是由一系列小圆圈等组成的圆环，每个小圆圈中都有一只动物，包括大象、鸭子、山羊、牛、熊、狮子、单峰驼、公羊、驴和老虎等，种类不下十种。大圈内，双鹿均以后腿支撑身体，前腿提起，拥着生命树。从其鹿角的形状判断，

7 世纪中期至 8 世纪·联珠纹团窠对鹿纹挂锦
瑞士阿贝格基金会纺织品研究中心藏
图片来自《莫高窟里的"吐蕃传奇"：敦煌展海内外吐蕃时期艺术珍品》（澎湃新闻）

这对鹿应该是波斯特有的黄占鹿（即扁角鹿）。挂毯的四角还绘有牛科动物。

据研究，双鹿的图案用浸透染料的八根纬线起花，再与经线交织，八根是目前所知最多的织锦纬线数。也许正是这种高超的织法，使织锦结构密实坚韧，得以保存到现在。

该挂锦同样是巨幅，高 2 米，宽 1.7 米。比前面那幅还要高一些，宽一点。目前收藏于瑞士阿贝格基金会纺织品研究中心。

7.《步辇图》与联珠纹

吐蕃的波斯联珠纹挂锦看过了，再来看吐蕃贵族身上的联珠纹织锦。

唐初，有一件联珠纹锦袍的样子传了下来，这是托大画家阎立本的福。阎立本绘有传世名画《步辇图》。

唐·步辇图（非原件）
作者摄于国家博物馆

《步辇图》描绘的是公元 640 年（贞观十四年），吐蕃王松赞干布仰慕大唐文明，派使者禄东赞到长安向大唐求亲，唐太宗接见禄东赞的情景。

对此图，还存在另一种解读。即唐太宗李世民不是同意"和亲"而是"逼婚"。逼谁呢？禄东赞。

话说通过松赞干布与文成公主和亲一事，唐太宗看上了精明能干、情商极高的禄东赞，要把琅邪公主的外孙女嫁给他。

琅邪公主是谁呢？唐高祖李渊第四女，即唐太宗李世民的姐姐。琅邪公主先嫁给长孙孝政，后改嫁段纶，和段纶先后诞下了一男一女。女儿段简璧出生于隋大业十三年（617），十八岁时嫁给了长孙皇后堂叔长孙顺德之子，后封为邳国夫人。

所以唐太宗要做媒的这位女子，既是自己的血亲，又是自己皇后的血亲，其地位并不比文成公主差。

对这等天大的好事，禄东赞怎么回答呢？《旧唐书》里记载他是这么说的："臣本国有妇，父母所聘，情不忍乖。且赞普未谒公主，陪臣安敢辄取。"我在吐蕃有老婆，父母替我明媒正娶的，要抛弃她于心不忍。况且老大还没看到公主，我一个来提亲的倒先娶上了，这不像话啊！

这回答合情合理啊。唐太宗听了什么反应？"太宗嘉之，欲抚以厚恩，虽奇其答，而不遂其请。"哈哈，给他的回答点赞，但不答应他的推辞。这不是逼婚是什么。

将这个故事与《步辇图》联系起来，倒也不是没道理。《步辇图》是唐初画的，最早的题记出现在晚唐，是晚唐名相李德裕题写的。但留在画上的篆书文字，却是北宋书法家章伯益写上去的。题记内容如下："贞观十五年春正月甲戌，以吐蕃使者禄东赞为右卫大将军。禄东赞是吐蕃之相也。太宗既许降文成公主于吐蕃，其赞普遣禄东赞来迎，召见顾问，进对皆合。旨诏以琅邪公主外孙女妻之。禄东赞辞曰：'臣本国有妇，少小夫妻，虽至尊殊恩，奴不愿弃旧妇。且赞普未谒公主，陪臣安敢辄取。'"

不管《步辇图》是哪个故事场景，我们来看禄东赞的衣服。

图中禄东赞所穿的是吐蕃流行的圆领直襟织锦长袍，腰系黑色窄腰带，上面悬挂有蹀躞等物件，足蹬黑色长靴。这些都符合马上民族骑射的习惯。

禄东赞的织锦长袍，直襟、边襟均为联珠纹。联珠圈内图案为站立的小鸟。袍服主体则为堆叠式联珠纹，一个个联珠纹如鱼鳞般排列，圈内图案为公羊。

立鸟联珠纹、公羊联珠纹，都是粟特织锦的经典纹样。这一类联珠纹织锦，如今在中国丝绸博物馆还能看到实物。

唐·步辇图（局部）
作者摄于国家博物馆

唐·红地瓣窠大鹿纹锦
作者摄于中国丝绸博物馆

唐·团窠联珠对狮纹锦
作者摄于中国丝绸博物馆

日本正仓院更是保留有更富有波斯锦气息的联珠纹织锦，当时为东大寺屏风。

唐·**紫地狩猎纹锦**
日本正仓院藏

唐·**绿地狩猎纹锦**
日本正仓院藏

反观《步辇图》中的唐太宗及绯衣典礼官，他们的衣服一点"洋味"没有。是唐太宗不喜欢风靡了几个世纪的波斯联珠纹吗？非也。

三、宝相花如何在唐代大放异彩

8. 唐太宗与联珠纹

唐太宗的奶奶独孤氏是鲜卑人，生母窦氏也是鲜卑族。所以他的审美也是多样化的，对外来文化有种天生的亲近感。

唐太宗曾给一个丝绸图案设计师封爵。这位幸运的设计师叫窦师纶。唐太宗给他的封号是"陵阳公"。

熟悉历史的朋友都知道，要皇帝封一个什么公，那是相当不容易的。公爵已经是臣子中最高的爵位了。唐太宗封的公爵都不是一般人。比如：给玄武门之变跟随他出生入死的九位将军都封了"公"。

一个丝绸图案设计师被唐太宗封了"陵阳公"？没搞错吧。

这件事，理解起来要联系到当时波澜壮阔的大背景。

大唐自立国起，就眼界长远，胸怀天下。大唐对外，通向世界的路要一直通过去，通向看不见的远方。而丝绸，可以说是大唐对外政策的战略武器。

当时，唐朝的丝织技艺领先世界，受到各国的喜爱。据《旧唐书》记载，唐太宗将文成公主下嫁吐蕃赞普松赞干布时，面对唐朝浩浩荡荡的送亲队伍，吐蕃人第一次领略到了大唐丝绸所带来的震撼："叹大国服饰礼仪之美，俯仰有愧沮之色。"此后，吐蕃数次请求从大唐引进蚕种、丝织工匠，吐蕃贵族也不再只穿有粟特联珠纹的衣服了。

随着唐王朝向西不断开疆拓土，"丝绸"与"武力"成了唐太宗称雄世界的两大武器。对归附友好者，赠丝绸奖励之；对抗拒者，军队开过去。以此，建立起唐朝在国际秩序中的主导地位。

然而，在奖励丝绸的过程中，唐太宗感觉到了一些不对劲：我国产的丝绸，花式纹样不符合西域各国的口味。怎么办？唐太宗叫来窦师纶，交给他一项任务：设计出既有我国特色又符合西域人口味的丝绸纹样。

窦师纶先祖出自鲜卑纥豆陵氏，血液里有着外国纹样的基因。要完成皇帝下达的任务，首先，不惧。其次，真要着手设计时，还是相当费脑子的。怎么办？在汉族原有的花样上加进波斯元素？

不！不如全部推倒重来，直接拿来波斯联珠纹，加进汉元素。

他亲赴当时最繁荣的织锦基地——四川益州，不断实践，改进织机，终于创制出一系列改进版联珠纹。注意，不是一种，是一个系列！

此后，大唐的丝绸不但风靡西域，在国内也掀起新的消费热潮。一是为唐太宗的外交政策添砖加瓦。丝绸先行，无往不利。二是为大唐带来了源源不断的财富。三是刺激国内消费，新王朝新气象，国力蒸蒸日上。功劳可谓大矣。

鉴于此功绩，唐太宗封窦师纶为"陵阳公"。他创制的丝绸织法花样，被叫作"陵阳公样"。

那么，我们来看看"陵阳公样"到底有哪些别出心裁之处。

"陵阳公样"初一看，还是联珠纹的套路。但仔细看，有两点不同：

第一点：神兽本土化。波斯联珠纹中，有大量的野猪头、含绶鸟、森木鹿等动物。这些动物大多与中亚、西亚的宗教信仰有关，有些与其历史上的英雄有关。但汉民族不知其背后的文化含义，对此并无感觉。因此，窦师纶将这些动物替换成了汉民族熟悉的对雉、斗羊、翔凤、游麟等。

第二点：弱化了联珠纹外圈的大珠子，运用花瓣纹、卷草纹、缠枝纹等代替。

　　日本正仓院收藏有一件"紫地凤形锦御轼"，即为典型的"陵阳公样"。联珠纹的珠子已被卷草纹替代，圈内的动物换成了汉民族喜欢的凤鸟。

　　团窠纹中的金凤，考古也有类似的实物发现。

唐·紫地凤形锦御轼
日本正仓院藏

唐·金凤
作者摄于浙江大学艺术与
考古博物馆

　　国家博物馆收藏的宝花纹锦袍，其衣料更是将双层联珠圈改为多重花草圈。至此，宝相花花纹已趋成熟。

唐·宝花纹锦袍（局部）
作者摄于中国丝绸博物馆

　　晚唐，画家周昉画了有名的《簪花仕女图》。该图中，五个贵妇一个侍女，两个明显穿着"陵阳公样"衣裙。可见到了晚唐，"陵阳公样"掀起的热潮照样经久不衰。

　　"陵阳公样"发展到后来，外圈的花卉纹样越来越大，花卉环中的动物纹样逐渐消失，形成了完全由花卉组成的"团花"，即宝相花。

唐·簪花仕女图（非原件）
作者摄于国家博物馆

9. 唐代公主与宝相花

有个问题你肯定憋了好久：这一篇到底是谈珠玉还是织锦？

别急。弄清楚宝相花的渊源，珠玉的宝相花马上登场。

我们在《古诗词中的珠玉之美》中曾提到唐代公主李倕，借由她的裙带解释了杜甫的诗句"珠压腰衱稳称身"，来看看她的高冠与裙腰佩饰。

唐·金筐宝钿冠饰与腰饰
陕西考古博物馆藏　徐建东摄于首都博物馆

　　李倕公主的高冠上总共镶了 370 多颗宝石，包括珍珠、琥珀、红宝石、玛瑙等。其中有各种大小的宝相花，甚至有立体的宝相花。其群腰佩饰也是由绿松石、珍珠等组成的宝相花，那是多完美的宝相花啊！

　　同时，公主的青铜镜背面，宝相花亦非常美丽。该青铜镜曾在中国丝绸博物馆 2017 年"古道新知：丝绸之路文化遗产保护科技成果展"中展出。同类型的青铜镜，国家博物馆也有。

唐·嵌宝青铜镜
图片出自中国陕西省考古研究院、德国美因茨罗马－日耳曼中央博物馆编著《唐李倕墓：考古发掘、保护修复研究报告》

唐·镶绿白料饰鎏金青铜镜
作者摄于国家博物馆

　　晚唐，流行头上插梳子。

　　来看《唐人宫乐图》，除了美人们衣裙上的宝相花外，你注意她们的头饰了吗？好多梳子。对了，晚唐时流行头上插梳子。不仅画上有，诗里也有："玉蝉金雀三层插，翠髻高丛绿鬓虚。舞处春风吹落地，归来别赐一头梳。"

唐·唐人宫乐图
台北故宫博物院藏

　　本文开头我们展示过唐代的宝相花玉梳背，这里再上几件，谁叫唐代宝相花玉梳背多呢。

唐·宝相花玉梳背
作者摄于国家博物馆

唐·宝相花金嵌宝（宝石已脱落）梳背
作者摄于浙江大学艺术与考古博物馆

　　唐代宝相花花纹可谓遍布生活的方方面面。你看，茶具上有宝相花，盒子上有宝相花，连地砖上也是宝相花。这样梳理下来，大家对宝相花在大唐的地位有概念了吧。

唐·宝相花银茶托
作者摄于浙江大学艺术与考古博物馆

唐·宝相花彩绘箱
日本正仓院藏

唐·宝相花纹砖
作者摄于国家博物馆

10. 沉淀在民族血液里的宝相花

那么，宝相花是否随着唐王朝的灭亡而消失了呢？

并没有。相反，宝相花作为一种象征圆满的祥瑞图案，沉淀在民族文化里。后世运用频率之高，超乎想象。

就拿清代乾隆一朝来说，乾隆帝对宝相花花纹极其喜爱。2020年故宫举办的"丹宸永固——紫禁城建成六百年"展览中，有一件备受瞩目的文物，即"金瓯永固杯"。

此杯为宫中造办处尊乾隆帝意思而制。对造型、纹样及所嵌珠宝，乾隆帝均有明确的指示。金瓯永固杯外壁满錾宝相花，花蕊以珍珠及红、蓝宝石为主。据介绍，每年新年第一天凌晨，养心殿窗前，乾隆帝在金瓯永固杯中注入屠苏酒，喝完酒，提起毛笔，书写祈求江山社稷平安永固的吉语。所以，对乾隆帝来说，这是极为重要的一件器物。

清·金瓯永固杯
作者摄于故宫博物院

乾隆帝85岁时，主动将皇位传给了儿子嘉庆帝，自己专门修了宁寿宫，当起了太上皇。当时国富民丰，嘉庆帝自然竭尽孝道，修宁寿宫动用的都是天底下最好的东西。其他不说，仅仅看宁寿宫的门窗便知。这些门窗材料极其讲究，且开满乾隆帝喜欢的宝相花。

清·宁寿宫延趣楼紫檀
回纹嵌瓷片夹纱槛窗
作者摄于故宫博物院

清·宁寿宫萃赏楼紫檀拼竹夹玻璃画隔扇
作者摄于故宫博物院

可以想象，宁寿宫里摆着镶嵌有珠宝宝相花的玉如意，乾隆帝玩着他的白玉宝相花扳指套，赏着让他欲罢不能的痕都斯坦宝相花玉盘，日子很是惬意。"十全老人"是他对自己人生的总结。

看完展览，只觉脑子里都是宝相花。故宫秋高气爽、秋阳熠熠，一路走一路想，为何乾隆帝如此喜爱宝相花？后来与梁慧讨论，梁慧说：花朵是所有人都喜欢的，从帝王到平民，无人不喜欢。我们常说开花结果，花开不仅美丽，更重要的是它代表一种希望、一种好的运势。但是，花朵往往是杂乱无章的，这不符合统治者的需求。

宝相花，正是一代代人总结出来的经典纹饰。首先它是花，有花的美好寓意。其次它有十字结构，"十字"本身是一种护身符，然后形成"米字"，再演变成八方环绕，直至花纹无始无终。这里面，加入了秩序、护佑、丰润、永久等含义。正所谓："有纹必有意，有意必吉祥。"

由此，宝相花代表了帝王的亲民与威势。

我们也讨论过很多现代设计。有的现代设计并不符合圆融的意象，恰恰相反，是锐角形等尖角状。为何这些设计也被认可，有的甚至誉满全球？梳理下来，这并不仅仅是当代的独有现象，历朝历代都有尖角设计。因为看惯了宝相花，习以为常，渐渐没有新鲜感，要以相反的形状来冲击视角，刺激感觉。但是，这些领一时风气之先的尖角在历史上流传下来了吗？并没有。或者说，一到重要场合、重要人物，首选的还是宝相花。是吧，一到过年，所有的装饰都是寓意吉祥的。

11. 宝相花玉花

最后来说说我们自己的宝相花吧。

现代·**宝相花玉花**
作者自藏

梁慧对宝相花素有情结。十几年前，有一个姐姐，人很好。她从上海不知道哪个地方买了一个玉的宝相花。比图片上这个至少要小一半儿薄一半儿，忘记是青海料还是山料了，反正肯定不是新疆和田玉籽料的。当时打完折以后的价格是1.5万元。

那个姐姐将小小的宝相花挂在她的金链子上，梁慧觉得很好看，很喜欢。但是梁慧看不上那个料子，觉得白白的，不油润。买现成的好料子的，她又觉得贵，于是决定自己找料做。

当她真的开始做这件事时，发现做宝相花其实挺难的，成本根本低不下来。

首先，对玉质的要求高。做宝相花的玉质和做无事牌的差不多，整块料子都要好，保证全程无瑕。

其次，料子必须厚实，比无事牌的料子厚好多。因为宝相花要正、反两面同时起花，花朵层次多。如果花朵的层次出不来，富贵的意象就出不来，就不像宝相花。

最后，小小一朵宝相花，工艺却十分复杂。花瓣的层次、弧线的饱满度、瓣尖的处理、中心镂空的分寸、花瓣里钻孔的位置，等等，都相当考验师傅的手上功夫。经验不够的，一不小心，做出来的花朵就显得呆板，没有生气。

所以，要得到一朵丰润饱满的宝相花，其实很不容易。

为何宝相花会让人念念不忘呢？首先，我们前面看了西汉"鎏金青铜尊"盖纽上的柿蒂纹。但柿蒂纹并不是西汉才有的，柿蒂纹来源于"十字"。"十"在非常古老的时候就有特殊意义，像祝由术里面的很多手法和符号，都是用"十"来完成的。基督教的标志是十字架，包括现代的医院，标志也是红十字。一直到现在，道家还在频繁使用"十字"。所以"十字"是一个非常典型的辟邪工具，实际上也是护身符的一种。宝相花从"十字"出发的这样一种排序法，背后有一种让人心安的寓意。

其次，花儿本身是人们对于兴旺的期待，有一种催旺事业、增进情感的意思。在古代，不论是簪子头、带扣还是其他装饰纹上，都喜欢用宝相花。包括很多瓷器的青花花纹，有很多团花、如意，都和这个有关。有讨个彩头的含义。

以下为我们自己收藏的宝相花花片。了解过宝相花的形成、流传过程后，再来看这些花片，感受是不一样的。

现代·祖母绿宝相花
作者自藏

现代·**宝相花玉香囊**
作者自藏

明清·**宝相花玉花**
作者自藏

辽的摩羯与琥珀

一、契丹男子与摩竭

1. 乔峰戴不戴耳环?

金庸先生的《天龙八部》，通过不断翻拍电视剧变得家喻户晓。《天龙八部》中的大英雄乔峰，是北宋年间契丹人，却被汉人抚养长大。他师从少林和丐帮，智勇双全，胆略过人，率领部众以辅翼北宋、抗击外敌为己任，是一个心系苍生、悲天悯人、思想境界超越国界和民族的悲剧英雄。

根据《天龙八部》改编的电视剧，较为有名的有三部。按乔峰扮演者分别是：1997年香港无线电视台黄日华版，2003年内地胡军版，2013年内地钟汉良版。

问题是，无论哪一版，在演员定妆上，剧组全部搞错了。错在哪? 乔峰没戴耳环。

有人要说了，乔峰被汉人抚养长大，随汉人穿着打扮。当他明白自己是契丹人后，习惯使然也没戴耳环。

好吧。那他爹萧远山呢? 是纯正契丹人吧,定妆时也没耳环啊。

咦? 难道契丹男人戴耳环吗?

契丹男人戴不戴耳环，有画为证。画这幅画的人，可称为"契丹的宋徽宗"。他就是李赞华。

李赞华? 一看名字是汉人。有没有搞错?

李赞华，原来的名字叫耶律倍。他是辽国开国皇帝耶律阿保机的长子。耶律倍自幼聪颖好学，深得父亲的喜爱和器重。耶律倍18岁那年，即公元916年，耶律阿保机自立为皇帝，建立契丹国（后改称辽国），立耶律倍为皇太子。

十年后，耶律阿保机征服渤海国，将其改名为"东丹国"，留下太子耶律倍管辖该国。因为阿保机自己的尊号是"天皇帝"，皇后述律平是"地皇后"，所以册封皇太子耶律倍为"人皇王"。此时耶律倍 28 岁。

就在同一年，耶律阿保机在班师回朝的途中突然病逝，来不及交代后事。事实上，似乎也不用交代后事，太子已到了壮年，且深得父皇倚重，太子继位顺理成章。

可是，情况有变化。在契丹，妇女很有地位。"地皇后"述律平是个铁腕皇后。熟悉辽史的朋友要说了：你写错了一个字吧，是"断腕"皇后。是的，铁腕人物有"断腕"之举。话说耶律阿保机突然去世后，述律平皇后不想让太子继位。啊？不是她亲生的？是亲生的。但这个大儿子太喜欢汉文化，尊孔尚儒，主张契丹全盘汉化。这怎么行呢？皇后认为：我契丹的根是大草原，游牧才是契丹人的强项，攻城略地、所向披靡是契丹立国的基础。如果政权传到大儿子手里，契丹是没有希望的。

皇后因而倾向于让二儿子耶律德光继承皇位。二儿子是坚定的草原本位主义者，且战功赫赫。但开国皇帝板上钉钉的事，皇后要改弦更张，遇到的阻力可想而知。因此，每次朝廷议事，对带头坚持先皇政策的大臣，皇后一律这样处置：你不是爱戴先皇嘛，赐你去陪先皇，拉出去斩了！

契丹是个不怕死的民族，更何况那些跟随先皇南征北战的战将。因此，很多开国功臣被杀。眼看不同政见者都被皇后杀得差不多了，终于有个脑子活络的将了皇后一军："先皇最亲近的莫过于皇后，最应该去陪先皇的正是皇后您。"这一来，你猜皇后怎么办？她挥动金刀，毫不迟疑地将自己的右手齐腕砍下，镇定自若地命人将这只手送到阿保机棺内代自己"从殉"。

可想而知，最后输的是太子一方。次年，即 927 年，耶律德光登上皇位，是为辽太宗。

耶律德光上台后，对失去皇位的哥哥很是提防。一方面软禁他；另一方面在哥哥的领地东丹国（即原渤海国），重用耶律羽之架空他哥哥。耶律羽之，名字好听吧，后面我们会重点说到这个人。

耶律倍怎么办呢？他从中原买了万卷书，隐居在医巫闾山（今辽宁省锦州市境内）绝顶之上的望海堂，一门心思做学问。在被严密监视的环境下，除了读书，还能干啥？

但即便如此，耶律倍还是时时处于怕被谋害的恐惧中。"小山压大山，大山全无力。羞见故乡人，从此投外国"，被软禁的第三年，即公元 930 年，耶律倍弃国投奔后唐。

耶律倍受到了后唐的热情接待。后唐皇帝李嗣源以天子仪卫迎接他，并赐姓东丹，名慕华，拜怀化军节度使、瑞慎等州观察使。后又赐皇姓李，名赞华。契丹太子的这个"李赞华"汉名由此而来。

耶律倍确实是读书的料子。他通晓阴阳、音律，精于医药、砭焫之术，精通契丹文和汉文，曾经翻译《阴符经》。

在诸多爱好中，耶律倍尤其喜欢绘画。他的绘画，一派游牧民族的草原风光，风格迥异于汉人之画作。据说宋徽宗很喜欢收藏耶律倍的画，《宣和画谱》记载，宋朝大内皇宫秘府共收藏有耶律倍的 15 幅画作，如《猎骑图》《雪骑图》《千角鹿图》等。

现散落海外的李赞华名作，有藏于美国纽约大都会艺术博物馆的《射鹿图》、美国波士顿美术博物馆的《番骑图》。另外，台北故宫博物院还有他的《骑射图》。

有一年春末，我在杭州图书馆三楼翻阅宋画。窗外小雨淅淅，室内鸦雀无声。《墨竹图》《寒雀图》《后赤壁赋图》，一幅幅细细看过去，突然，一幅风格完全不同的画映入眼帘：《东丹王出行图》。一看作者：李赞华。

倒抽一口冷气。这幅画听闻好久，终于得见。

然后，在细节图上，看到了契丹男人的耳环。

从画上看，契丹男人的耳环，基本款式为一个金圈穿耳，下面挂个坠子。东丹王的耳环就挂了个圆状物，不知是金珠还是宝石，抑或是金珠镶宝石。马夫的耳饰，好像仅仅只有一个金圈。

不仅是绘画，考古中也发现了很多关于契丹耳饰的例证。如辽统和三年（985）下葬的韩匡嗣家族墓所发现的两件石俑，耳环非常清晰。沈阳市文物考古研究所藏有一件金面具，出土于沈阳市康平县的辽代契丹贵族墓群，黄金面具上亦佩戴有一副耳环。

我们这个年代，耳饰基本上是女人的专享，对男子挂耳饰还是有些奇怪的，所以忍不住要去追溯原因。

2. 契丹男子为何要戴耳环？

契丹自称族出东胡，是鲜卑族的后裔，很多习俗都沿袭了鲜卑族的传统。而鲜卑人正是崇尚耳饰。事实上，北方游牧民族男

辽·**东丹王出行图**
美国波士顿美术博物馆藏

辽·**东丹王出行图（局部）**
美国波士顿美术博物馆藏

子基本都有戴耳饰的习俗。鲜卑、匈奴、蒙古等，莫不如此。

究其原因，与游牧民族的信仰有关。

在辽阔的草原，人的生存亦如疾风下的一棵小草。偌大的天地里，渺小卑微的人便相信万物有神，其信仰是巫。原始部落的首领都是大巫，只有大巫才能带领一族之人走出困境。大巫除了能治病消灾、征战杀伐，最主要的，还要有预测能力。预测能力是关系到一个部落生死存亡的决定性因素。

原始大巫的形象是怎样的？"以蛇贯耳"。

大巫在作法时，闭合双眼，靠感觉与上天及诸神沟通，耳朵的灵敏度非常重要。《山海经》中，夏启的形象是"珥两青蛇"，夸父的形象是"珥两黄蛇"。该书对"珥蛇"的记载共有9处，涉及5神2人。

"以蛇贯耳"的形象，不仅有文字记载，也有实物。我们可在龙山文化期的玉上看到。

　　几千年下来，巫从女性专任变成了男女均有（男巫叫觋）。尤其在游牧民族，带领一个部族纵横驰骋、攻城略地，没有强健的体魄便无法胜任。部落首领由此开始过渡到男性，最终以男人居多。而耳饰，作为一种能力、权利的象征留存下来，戴耳饰也渐渐演变成一种风俗习惯。

　　男子戴耳环，并不是到契丹男子为止。此后的成吉思汗，照样戴耳环。可以参看元代画家刘贯道的《元世祖出猎图》。

　　说到这里，算是解决了契丹男子为何要戴耳环的问题。

龙山文化期·**龙山文化玉圭**
作者摄于台北故宫博物院

元·**元世祖出猎图**
台北故宫博物院藏

元·**元世祖出猎图**（局部）
台北故宫博物院藏

3. 摩竭耳环在上层社会风靡的程度

还记得吗？前面说到一个人，叫耶律羽之。

耶律羽之与辽国开国皇帝耶律阿保机同一辈，他是耶律阿保机的堂弟，耶律倍（即李赞华）的堂叔，只比耶律倍大9岁。

耶律羽之的父亲曾担任过契丹八部盟主，他们一家人毕生都在为契丹国的崛起而奋斗。契丹征服渤海国后，耶律阿保机改渤海国为"东丹国"，让太子耶律倍做东丹王，派耶律羽之辅佐东丹王。

太子是以后的皇帝，耶律阿保机在选择辅佐大臣时肯定是深思熟虑的。耶律羽之被选上，必有其过人之处。

谁料想局势突变。耶律阿保机突然病逝，回去奔丧的耶律倍不但没能坐上皇位，反而被当上皇帝的弟弟监禁起来。三年后，更是投奔后唐去了。

新皇帝当然重视富庶的东丹国。东丹国三年无主，渤海国旧贵族沉浸在复辟的美梦中，开始发动叛乱。考验耶律羽之的时候到了。他软硬兼施，一边与渤海旧贵联姻，花费金钱供养旧国遗老，以安抚人心，瓦解抵抗势力；一边对不听安抚的造反力量进行铁血扫荡，对企图颠覆新政权者毫不手软。总之，骚动的东丹国终于被驯服。

耶律羽之的能力得到了新皇帝的认可。这个藩国就交到他手里了。他成为东丹国的实际统治者。

纵观耶律羽之一生，前半生随父兄征战四方建立丰功伟业，后半生治理一国造福一方，始终都在为帝国尽忠。他巩固了帝

国的元气，维护帝国不发生内
乱，应该说是个当之无愧的辽
国功臣。

有人说耶律羽之这个名字好
美啊，他本人长得帅吗？东丹王
画过他吗？

东丹王有没有画过他不得而
知。《东丹王出行图》中是否有
耶律羽之的形象也不得而知。唯
一可以确定的是：耶律羽之喜欢
戴摩竭耳环。

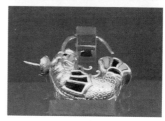

辽·摩竭耳环（耶律羽之）
作者摄于南宋官窑博物馆

1992 年，内蒙古文物考古研究所对耶律羽之墓进行了考古
发掘。耶律羽之墓有两个棺床，北床为耶律羽之本人，东床为其
夫人。由于该墓被盗过，考古发现墓中有三只摩竭耳环，但无法
判断耳环的归属。如果让我们做个推测，一副较为小巧的，应为
其夫人的。大的且有绿松石镶嵌的，是耶律羽之的。

辽·摩竭耳环（耶律羽之）
王薇摄于内蒙古博物院

仔细看图片，你有没有和我一样觉得疑惑：摩竭头部那凸出来的一横是干啥的？为此，我一再琢磨还是没想出头绪来。后来梁慧发来一张图片，我一下子明白了。那上面其实是有一颗珠子的，且往往是珍珠。时间长久，珠子脱落了。若

辽·摩竭耳环
内蒙古博物院宣传画

是珍珠，则更易风化。来看内蒙古博物院的宣传画，那一横上面贯穿了一颗嵌宝珠子。

遥想当年耶律羽之戴着这样一副耳环，或叱咤风云，或高堂宴坐，也真是有一股特有的帅气啊！

除了耳环，耶律羽之墓中还出土有其他摩竭纹样的东西，如摩竭纹金花银碗等。耶律羽之为何如此喜欢摩竭造型？

其实，摩竭不是耶律羽之一个人的喜好，而是契丹贵族们共同的喜好。辽代大墓常常出土摩竭纹饰物品。著名的有内蒙古巴林左旗乌兰套海苏木辽代遗址出土的白釉人首摩竭形提梁注壶、吐尔基山辽墓出土的摩竭纹鎏金錾花菱形银盘、吐尔基山辽墓出土的摩竭形金耳坠、内蒙古赤峰

辽·白釉人首摩竭形提梁注壶
作者摄于南宋官窑博物馆

市喀喇沁旗锦山出土的摩竭形鎏金银提梁壶，等等。

4. 契丹贵族为何喜欢摩竭？

纵观历史，历代统治阶层中，最喜欢摩竭纹饰的恐怕就是契丹贵族了。

前面说过，北方游牧民族远古时期崇尚巫术。在原始巫术的基础上，后来逐渐丰富与发展出了"萨满教"。"萨满"意为智者、晓彻。契丹人建立的辽国是一个强大的王朝，全盛时期其统治范围东至日本海，西到阿尔泰山，南达河北中部的白沟河，北到额尔古纳河、外兴安岭一带，以至于当时的欧亚大陆将"契丹"当成中国的代名词。

萨满教认为大地的柱子是三条鱼，鱼驮着大地漂浮在水上。所以鱼是万物的基础。游牧民族的生活方式是渔猎。随四季的变化，逐水草而迁徙。"渔"自然离不开鱼，所以契丹有崇拜鱼的习俗。

契丹人喜欢摩竭还跟唐朝有极大的关系。我们现在说到辽，总是与北宋并列。历史上，契丹立国时，还没有北宋。

公元 907 年，朱温逼迫唐哀帝禅位，唐朝灭亡。就在同一年，耶律阿保机众望所归，登上皇位。所以辽以唐朝的继承者自居。北宋建立则是 45 年以后的事。

契丹人对唐，是发自内心的倾慕。唐朝初年，突厥称霸北方草原时，契丹只是个弱小的民族，依附于突厥。等到雄才大略的唐太宗把突厥打败，契丹人才直起腰来，直接向唐称臣。唐太宗征讨高句丽时，契丹还曾参与其中。这可能也是后来耶律阿保机一心要得到渤海国的原因。安史之乱后，回鹘汗国仗着助唐平叛有功，对唐索取无度。唐屈服在回鹘的淫威之下。契丹不得不转而依附回鹘。到 840 年，回鹘因天灾加内乱而分崩离析。契丹才得以翻身，迎来了自己发展壮大的好时机。

所以，契丹人对唐文化，有一种想要全面继承的心态。

摩竭纹与唐朝又有何种渊源呢？

5. "二龙戏珠"与摩竭

在古印度神话中有个摩竭。印度摩竭的形态比较复杂：下半身是鱼，上半身是鳄鱼、大象、鹿等多种动物的复合体。总之，印度摩竭是一种体形巨大、性情凶猛的怪物，具有翻江倒海的神力，可以轻易将众人吞噬。

摩竭是恒河女神的坐骑。然后重点要来了：摩竭是印度教中许多神祇的耳环。比如掌管维护宇宙之权的毗湿奴就常常佩戴摩竭耳环。

有趣吧，我国的古代神人两只耳朵上挂蛇，印度的古代神人两只耳朵上挂摩竭。一个是增强与天地沟通的灵敏度，一个是增强翻江倒海的神力。

后来，古印度的乔达摩·悉达多创建了佛教。摩竭被佛教吸收，转变成回心向佛的一种吉祥动物，通常作为水神的坐骑出现。《洛阳伽蓝记》记载："河西岸有如来作摩竭大鱼，从河而出，十二年中以肉济人处，起塔为记，石上犹有鱼鳞纹。"

在犍陀罗风格的佛像上，摩竭则经常在项链上出现，大多是一对摩竭共衔一颗宝珠。

犍陀罗佛像
作者摄于杭州净慈寺美术馆

3—4世纪　释迦牟尼像（片岩）
美国纽约大都会艺术博物馆藏

2—3世纪　交脚菩萨像（片岩）
东京国立博物馆藏

这款项链传到我国后，演变为"二龙戏珠"。

清·双龙戏珠玉镯
作者摄于台北故宫博物院

佛教大约东汉时传入我国，摩竭一并进入。此时的摩竭，依然保持着鲜明的印度风格：双目如日，牙齿如山，身形巨大，生活在水中，动不动就毁坏船只，伤害人类，只有佛陀能降服它。

摩竭开始流行，要到唐代。唐朝皇帝姓李，李姓自然就成了唐朝最高等级的姓氏。由此及彼，鲤鱼也借着沾了光。唐开元年间曾前后两次下令禁止捕食鲤鱼。所以，在唐一朝，鲤鱼不再是一种普通的鱼，而成了水中最尊贵的鱼类。有着鱼儿身子和尾巴的摩竭，为了满足李唐王朝对自身王权神化的需求，顺时应势转化成了更高级的鲤鱼身。既然是鲤鱼身，头部也就不再凶恶了。

如此一来，摩竭去掉了恶的一面，变成了镇邪、祈福的祥瑞之物。以摩竭为纹饰做成的金银器或玉器，表达了人们希望借此得到佛陀和王朝的护佑。这就是为何唐朝摩竭纹广泛流行的原因。

既然辽以唐朝的继承者自居，对广泛流行于唐朝的鲤鱼式摩竭，自然全盘接受。因此，在辽一朝的摩竭里，包含拥有神力、佛陀的护佑、对李唐文化的继承等多种因素。

摩竭广泛存在于辽社会的方方面面。现在看来，辽摩竭已成考古界的一朵奇葩。

6. 为何辽以后摩竭不流行了？

让我们回到耶律羽之的摩竭耳环。有位朋友在博物馆看到耶律羽之家的三只摩竭耳环时，非常惊讶。对着文字说明看了又看，感叹道：我以为摩竭是这些年西方星座引进来才有的，原来我们老祖宗早开始玩了呀！

是啊。可问题是：他们后来怎么又不玩了？

唐之后，主流文化承接者为宋。宋朝沿袭了"龙文化"。鲤鱼跳龙门，龙是正统。鱼、鲤鱼、摩竭统统演变成了龙。

辽以后摩竭虽然不时兴了，但这一因子并未消失。现在流行的一些 U 形或者 C 形抽象符号的时尚元素，都有可能是摩竭的变形。

二、契丹公主与琥珀

琥珀是我们很喜爱的宝贝。

有一次，梁慧在国外寻找珠子。微信上图片一张张飞过来。我问："蜜蜡呢？老蜜蜡有没有？"她停顿一下，答："有的。可今天错过了，我明天一早去找他。"

梁慧要找的是一位印度老人。按她的话说是一位老先生。她和这个老先生打交道了很多年。特别有意思的是，她后来发现他并不是一个老者，而是因为闭关修行多年，胡子特别长，看上去显得老。有一次他把胡子剃了，梁慧才惊奇地发现他并不老，也就五十多岁的样子。

7. 琥珀与蜜蜡，我们搞错了吗？

这位印度老者（暂且按之前的习惯叫吧）并不纯粹是生意人，他是位修行者，到处徒步云游，认识很多村子里的人。有时在村子里收集一些古珠，有时在路边河里也会捡到一些，他把这些珠子卖了作为生活费。一些西方的藏家甚至好多学者都会找他收集些资料。

印度一座山上，有些藏族修行者。老先生每次去那里，都会买一些藏传的东西，比如蜜蜡、天珠、南红之类。梁慧第一次从他那里买蜜蜡时，他反反复复声明这些老蜜蜡的来之不易。他接触过很多欧洲的卖家，欧洲卖家的老蜜蜡通常是一两百年。但他的这个红皮蜜蜡，一般都是三五百年，老很多。他反复讲，这是人家一直在使用的，等等。因为品质确实好，梁慧后来又买过多次。

这一次的红皮蜜蜡老珠子，同样宝贵。在各色蜜蜡中，我最喜欢的就是红皮蜜蜡。也许因为它温雅柔和，宝光融融。

我们将其搭配出各种花样，爱惜不已。

老蜜蜡
作者自藏

　　有人要说了，你们那个是蜜蜡吧，不是琥珀。可你的题目说的是琥珀。其实，蜜蜡与琥珀，本来就是同一种东西。它们都是树脂的古老化石。几千万年前针叶树木所分泌的树脂，经过地壳变动深埋地下，逐渐演化成一种天然树脂化石。蜜蜡与琥珀的基本成分和形成过程都是相同的。

　　蜜蜡不透，琥珀透，还有半透半不透的叫半珀半蜡。透明度是由一种"琥珀酸"来决定的。当其内部含有的琥珀酸低于4%的时候，呈现出透明的状态，我们一般称之为琥珀。而当琥珀酸超过8%，就会呈现出不透明状态，被称为蜜蜡。琥珀酸含量在4%~8%，则为半珀半蜡。琥珀酸的含量是随矿藏周围地理环境的变化而变化的。

8. 老蜜蜡能有多老？

我们这批老蜜蜡，究竟多"老"呢？不过几百年而已。古珠年份动辄几千年，这批老蜜蜡确实年份不长。很多人认为蜜蜡硬度不高，蜜蜡制品不可能保存太长时间，因而古珠市场上标有五百年以上乃至千年的蜜蜡都是假的。真的吗？

蜜蜡的莫氏硬度（或称摩氏硬度）通常在2~3，相当于健康人的指甲的硬度。有些结构较松的蜜蜡，用指甲可以划出痕迹。质地好结构特别致密的，能雕刻成圆雕。那么，蜜蜡制品真的不能长久保存吗？

错也。

迄今为止，考古发现最早的琥珀制品来自北欧的马格尔莫斯文化（Maglemosian culture），当时的北欧人已经开始使用琥珀作为装饰品了。

我国出土的琥珀制品，最早为商代，发现于三星堆文明中，是一枚蝉纹的心形坠饰。西汉、东汉及魏晋南北朝的帝王级大墓里，不时会发现零星的琥珀珠子、琥珀老虎、琥珀司南等，均是点缀物，大多是用来辟邪的。古代文献中琥珀有过多个名称，如虎魄、江珠、遗玉、顿牟、育沛、红松香等。《本草纲目》记载："虎死则精魄入地化为石，此物状似之，故谓之虎魄。"所以琥珀被认为可以辟邪。

其实，真正的辟邪作用来自琥珀的成分。《本草纲目》卷三十七中记载：琥珀"镇心明目，止血生肌"。

9. 历史上最爱琥珀的人是谁?

纵观历史,要寻找帝王家最爱琥珀的人,非辽代的陈国公主莫属。说她是"琥珀控"毫不为过。

陈国公主,即辽景宗孙女,耶律隆庆之女。呃,没概念是吧?这样说吧,她是辽第 5 位皇帝的孙女,第 6 位皇帝的侄女。还是没概念? 好吧,杨家将故事里有个令人闻风丧胆的萧太后萧燕燕,陈国公主即萧燕燕的孙女。而且,这个陈国公主嫁给了萧太后萧燕燕的亲侄子。从辈分上说,是嫁给了舅舅。所以,她又是萧燕燕的侄媳妇。

陈国公主爱琥珀爱到何种程度呢? 她与驸马的合葬墓,共出土琥珀 11 组 2101 件。我们来看几件主要的。

(1)头饰

辽·陈国公主琥珀头饰
内蒙古博物院藏

这件头饰,头顶由小颗珍珠连缀,两边垂两大块琥珀,琥珀雕刻成龙形。琥珀下面各垂挂 3 行金叶子。

有人一看,哎? 这金叶子似乎让人想起什么。这不是金步摇吗? 是的,大辽契丹族来源于鲜卑族,金步摇是其鲜明的民族特色。金步摇虽然到辽中后期有所淡化,但遗留还是有的。契丹是马上民族,多在户外。金步摇随风一吹,其声音令人愉悦,金叶子随风摆动的样子非常轻盈,美感十足。

（2）耳饰

耳饰2组共8枚，由珍珠连缀，垂挂成两行。耳饰上的琥珀，雕刻成鱼形的船。船上有船舱、桅杆、鱼篓，并有划船、捕鱼的人。作为马上民族，逐水草而居，渔猎是主要的生存方式。"渔"的意象在日常生活中非常突出。

前面说过，琥珀硬度不高。在小块琥珀上能雕刻出如此栩栩如生的圆雕件，足以说明琥珀密度高，质地相当好。

辽·陈国公主琥珀耳饰
内蒙古博物院藏

（3）项链

一组由琥珀蚕蛹组成的饰件，从佩戴的位置来看，应该是项链的组成部分。因此被称为蚕蛹形琥珀佩饰。每一颗蚕蛹都圆滚滚的，饱满有力。这从侧面说明辽代对丝绸业的重视。从出土资料看，辽代的织锦"锦绣组绮，精绝天下"。凡中原所产的织物，辽国一应俱全。辽代所产丝织品除满足国内市场需要外，也大量出口，或作为国事往来的礼品。甚至有一些中外学者将辽代通往西方的贸易通道称为"草原丝绸之路"。

辽·丝织品
作者摄于吉林省博物院

辽·陈国公主琥珀璎珞
作者摄于南宋官窑博物馆

（4）璎珞2组

公主、驸马身上有许多琥珀制品，我们这里只看璎珞。

陈国公主的琥珀璎珞，我们很"熟悉"。无数次在图册上、书上、纪录片里看过，一颗颗仔细研究过，甚至模仿过它们的搭配方式。可是，2016年5月末的一天，当我走进南宋官窑博物馆看展，面对实物时，感觉如同《权力的游戏》里冷不防看见巨人，其震撼难以形容。原以为是串项链，却不料那么大。用手贴到展柜玻璃上来估测尺寸，最下面那块琥珀，几乎是一只小手的大小。事实上，陈国公主的琥珀璎珞覆盖到了腰部。还好琥珀轻，不然以公主娇弱的身躯，怎能承受？

（5）手握

两枚雕刻形状差不多的琥珀，握在陈国公主手里。左边那枚雕的是一对鸿雁，嘴对着嘴，好恩爱啊。不仅琥珀件，玉件里也有此类题材。比如玉的交颈鸳鸯。公主与驸马想必极其恩爱。

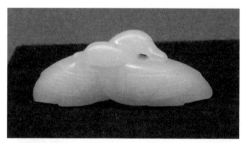

辽·玉交颈鸳鸯
作者摄于南宋官窑博物馆

辽·陈国公主琥珀手握
作者摄于南宋官窑博物馆

鸿雁是北方游牧民族在渔猎时常见的伙伴，也是他们喜爱的雕刻题材。

（6）腹部

辽·陈国公主胡人驯狮琥珀雕件
作者摄于南宋官窑博物馆

这枚琥珀雕件大名鼎鼎。随着琥珀的天然形状，浮雕出一幅胡人驯狮图。狮子昂然回首，胡人奋力牵引，栩栩如生。

同样题材的，后来在首都博物馆还看到一组金腰带和一件瓷器。这一方面是文物间的相互印证，另一方面也可看出，胡人驯狮是当时的热门题材。

金·黑釉胡人驯狮纹枕
作者摄于首都博物馆

辽·水晶嵌金舞狮纹带板
作者摄于首都博物馆

（7）杂件

主要有：

a.盒子：有鱼盒、天鹅盒等。这些都是"春水"主题。"春水玉"在玉器中极为有名。

b.压盖物。如盘龙琥珀块、荷叶双雁琥珀块等。

c.刀把。琥珀柄的刀具有六件。

想必你也跟我们一样，在惊讶于陈国公主有如此多随身琥珀的同时，忍不住要问：为什么她酷爱琥珀？我们来做个梳理。

10. 皇家公主为何最爱琥珀？且大多为偏红色的琥珀？

陈国公主出生于辽圣宗统和十八年（1000），去世于辽圣宗开泰七年（1018）。她在世的18年，正是大辽如日中天的兴盛时期。其祖母萧燕燕名震天下，辽帝国在她的统辖下，国势隆盛。萧燕燕特别宠爱二儿子耶律隆庆，耶律隆庆的排场比他当皇帝的哥哥还要大。身处盛世，又是耶律隆庆的女儿，陈国公主可以爱玉、爱金银，大辽的和田玉玉质之好众所周知，大辽的金银器也是名扬四海。但她的最爱为何偏偏是琥珀？而且是偏红色的琥珀？

事实上，不但陈国公主喜爱琥珀，契丹贵族普遍都喜欢琥珀。我国考古发现中，出土琥珀多的均为辽墓。我们认为，契丹人喜欢琥珀原因有三：

原因一：契丹人拜日。大凡拜日的民族，都崇尚红色。琥珀的颜色有多种，现今我们身边流行的蜜蜡、琥珀大多为黄色。

波罗的海沿岸的琥珀在进入中原之前，要流经西亚与中亚，而这些地区大多信奉拜火教，拜火教当然喜欢红色，所以偏红色的琥珀大多被截留。偏红色的琥珀，正好符合契丹民族崇尚红色的特点，所以琥珀在玉、金银中脱颖而出，成为契丹人的爱好。

原因二：琥珀对契丹民族有实用价值。作为一个马上民族，无论是渔猎生活还是攻城略地，刀棒剑伤是家常便饭。而琥珀有消瘀血的作用，且"止血生肌，合金疮"，所以颇得契丹人的喜爱。据《杜阳杂编》记载，唐朝德宗时，泾原兵变，攻陷长安。战斗中，德宗敲碎装火精剑（宝剑名，此剑夜可见数尺光明，斫铁即碎）的琥珀盒子，为战士治刀箭创伤，有人劝阻，德宗说："大敌当前，国家危在旦夕，将士受伤如我受伤，岂可重一琥珀剑匣而不重将士性命！"

原因三：契丹人崇信巫术。巫术在契丹社会中占有重要地位。琥珀能止惊悸、安五脏、定魂魄、促进睡眠，自古就是除魔驱邪的道具。

11. 辽代的琥珀原料哪里来？

有人对这个问题不屑一顾。大辽帝国有自己的琥珀矿，今抚顺珀矿是也。大辽为何流行琥珀件，因为是土特产啊。

非也！抚顺琥珀是清末才开始开采的。

我们同意许晓东在《辽代琥珀来源的探讨》中所说的观点，即辽代的琥珀原材料很可能来自欧洲的波罗的海沿岸。波罗的海琥珀由基辅罗斯北部诺夫哥罗德城，沿伏尔加河南下到达地中海，再经黑海、里海到达河中地区，然后经丝绸之路进入辽国。

辽代疆域从东至西十分辽阔，最西北端比今天的新疆边域还要远600公里左右，大部分草原丝绸之路尽在辽域。8世纪时期，回鹘强大，契丹曾依附回鹘，与其联姻。回鹘汗国灭亡时（约在840年），契丹及时进驻回鹘故地，收编了回鹘旧部。回鹘临近地中海，回鹘之西就是阿拉伯帝国。也就是说，契丹收编了回鹘，也就打通了与琥珀原产地的通道。

没有大辽国力的强盛，哪来陈国公主满身的琥珀？

据《契丹国志》记载："高昌国、龟兹国、于阗国、大食国、小食国、甘州、沙州、凉州，以上诸国三年一次遣使，约四百人，至契丹贡献玉、珠、犀、乳香、琥珀、玛瑙器……"可见辽盛时之强大。陈国公主墓出土的刻花高颈玻璃瓶（蔷薇水瓶）、乳钉纹玻璃盘、带把玻璃瓶等，均为伊斯兰玻璃容器，正是这些文字记载的实物例证。

辽·乳钉纹玻璃盘
作者摄于南宋官窑博物馆

辽·带把玻璃瓶
作者摄于南宋官窑博物馆

12. 公主的琥珀璎珞有何说法？

迄今为止，尽管辽墓出土了数量众多的琥珀件，像陈国公主那样庞大复杂的琥珀璎珞却是绝无仅有。只在公主与驸马身上出现过。

陈国公主的琥珀璎珞是迄今所见最大的琥珀饰件。外串 264 件，由 5 枚大琥珀浮雕、2 枚素面琥珀、257 颗小琥珀随型珠组成；内串 69 件，由 9 枚琥珀雕件、60 颗小琥珀随型珠组成。

璎珞，原为古代印度佛像颈间的一种装饰，由世间众宝所成，寓意为"无量光明"。

陈国公主的璎珞，确实与佛教有关。辽中期，盛行佛教。那个令人闻风丧胆的萧太后萧燕燕，有三个女儿。其大女儿名为耶律观音女。

耶律观音女，不是绰号，是正式名字。

耶律观音女出生于公元 970 年。这位长公主，在辽景宗（她父亲）时期被封为齐国公主，后圣宗（她弟弟）时期改封为楚国长公主，再后来封号不停地变更，分别为晋国长公主、吴越国长公主、赵魏国长公主。据记载，三个女儿中，萧太后尤其看重长女，赐给她奴婢万人。

耶律观音女，就是陈国公主的亲姑姑。且慢，还有一层关系。陈国公主的母亲，是耶律观音女的女儿。也就是说，陈国公主的父亲娶了自己的亲外甥女，生下陈国公主。所以耶律观音女又是陈国公主的外婆。

这种背景下成长起来的陈国公主，崇信佛教与喜欢璎珞再正常不过了。陈国公主所嫁的萧绍矩，是当时皇后的哥哥。当时的皇后，也即陈国公主的伯母，叫"萧菩萨哥"，这也是真名。萧菩萨哥又是萧太后萧燕燕的侄女，所以驸马萧绍矩又是萧太后萧燕燕的侄儿。陈国公主嫁的是舅舅。如此，驸马亦崇信佛教，喜欢璎珞。

契丹原是北方游牧民族，笃信巫教。契丹建国后相当长的时间内，巫教在辽国的宗教信仰中仍保持着权威地位。但随着社会发展和统治区域的扩大，契丹与其他民族的文化交流与融合日益增强，崇佛一度成为主流。佛教认为水晶代表佛骨，琥珀代表佛血。而且，琥珀轻盈，即便再多佩戴起来也不累，这是其他宝石璎珞所不能比拟的。

陈国公主与驸马的两组琥珀璎珞，正是契丹民族宗教信仰流变的最好印证。

13. 公主的琥珀件中有中原元素吗?

有的。大辽虽然在武力上一再攻击、胁迫北宋，但在文化上，却有着马上民族对农耕民族文化积淀的仰慕。当时北宋虽然对辽进行"书禁"，但辽提出"学唐比宋"，想方设法通过各种渠道搜集宋朝的书籍。辽学习北宋的科举考试，辽圣宗（陈国公主的伯父）还亲自出考题。

前面我们说过，陈国公主有八枚琥珀蚕蛹。从出土位置看，应该是她的项链的组成部分。随葬蚕蛹形佩饰的风俗，就来自中原。在中国古代，因蚕蛹能破洞而出变成飞虫，寓意复活和永生。

将蚕蛹随葬，即是希冀公主虽然肉体消亡，但灵魂可化蛾飞翔。

　　梳理完这些，不禁感叹：珠宝配饰，在任何历史阶段都是军事、经济、文化、宗教等各方面因素凝结的产物，其身上折射的信息何其密集。

　　蜜蜡是世界上最轻盈的宝石，是所有宗教都爱惜的宝物，也是世界范围内的硬通货。好的蜜蜡价超黄金，比美元更坚挺。这不是没来由的。我们对红皮蜜蜡的喜爱，也许有着我们自己也说不清道不明的久远因子。

　　红皮蜜蜡的红皮，其形成基本上是两种情况：一种是本身材质就是红色的；另一种也是大多数见到的就是氧化。本身颜色不深，但几百年氧化下来，颜色变深了。

　　我问梁慧：你遇到过不喜欢红皮蜜蜡的客户吗？她说，一般人都会喜欢红蜡。红蜡既有蜜蜡的轻盈、宝光、温雅，又有红蜡特有的凝重感。西藏的客人会喜欢偏黄一点的，比如柠檬黄、鸡油黄，他们会喜欢体积大的。北京的客人喜欢透的。因为清代的老琥珀朝珠很多都是透亮的。但是不论哪种人，对红蜡都是非常喜欢的。甚至一些不懂蜜蜡的人，也会被吸引。前几天贵州的一个客人买了两串老蜜蜡香囊手串，她说她倒不在乎香囊里的香，纯粹就觉得那个老红蜡实在太好看了。很沉稳的红，庄严，又很灵动，也很有珠宝感。

　　美的传承，有实物来传递是最靠得住的。

你看你看，宋代皇后的脸

世界时装界，使命之一便是玩酷。

Gucci（一般译为古驰）的 2018 早春系列，在意大利佛罗伦萨一开走，便火爆到不行。大家议论最多的是名模们那一张张脸——脸上镶有珍珠哎。

是古驰别出心裁吗？不，这种脸上镶珍珠的妆容，2015 年秋冬纪梵希就推出过。当时也是震惊了时装界。纪梵希设计总监解释：灵感来源于神秘浪漫的维多利亚风格，同时又加入了南美少数民族的活力。他将这个创意命名为"滴泪凝成的明珠"。

2015 年秋冬纪梵希时装秀

维多利亚风格出现在 19 世纪，离现在不到 200 年，竟已经足以掀起一股复古风。

　　有一天,一位朋友看到北宋皇后的画像,头上脸上一片白粉粉的,以为是画像没保管好,颜料脱落。及至后来看到高清图,拍案叫绝,咱老祖宗也太时尚了吧!

一、宋代皇后的"珍珠花钿妆"

1. 宋仁宗之曹皇后到底时尚不?

　　朋友看到的是这幅画像:

北宋·**宋仁宗曹皇后画像**
台北故宫博物院藏

北宋·**宋仁宗曹皇后画像**（局部）
台北故宫博物院藏

是吧，初看脸上脏兮兮的。再看高清图，画中人便是北宋宋仁宗的皇后曹皇后。她的脸上有五处贴了珍珠。且眉心处，一颗大珍珠边上还围了圈小珍珠。这比纪梵希早九百多年，使现代人大为惊讶，曹皇后是个特别时尚的人吗？

那要先看她的皇帝夫君宋仁宗喜不喜欢时尚。宋仁宗不简单，第一位皇后愣是被他强力"休妻"，废掉了。曹皇后是他的第二位皇后。

说宋仁宗你可能一下子反应不过来，《狸猫换太子》听说过吧？京剧、评剧、豫剧、黄梅戏、吕剧、湘剧、潮剧等剧种，都有这个剧目，可谓家喻户晓。

"狸猫换太子"的故事发生在北宋。清末成书的小说《三侠五义》称,刘妃、李妃在宋真宗晚年同时怀孕,其时皇后已去世,为了争当正宫娘娘,刘妃工于心计,将李妃所生之子换成了一只剥了皮的狸猫,污蔑李妃生下了妖孽。真宗大怒,将李妃打入冷宫,而将刘妃立为皇后。后来,天怒人怨,刘后所生之子夭折,而李妃所生男婴在经过波折后被立为太子,并登上皇位,这就是仁宗。在包拯的帮助下,仁宗得知真相,并与已双目失明的李妃相认,已升为皇太后的刘氏则畏罪自缢而亡。

当然,这个故事是经过猛料加工的。

2. 宋真宗之刘皇后的凤冠上有 13 条龙?

历史上确有仁宗认母一事。宋仁宗的父亲宋真宗尚为太子时,喜欢上一个银匠的老婆叫刘娥,便金屋藏娇。直到继位后才将刘娥接进宫里。初封美人,又封修仪,再进德妃。

宋真宗的皇后驾崩后,有三位妃子都有继位中宫的可能。真宗后妃曾经生过 5 个男孩,都先后夭折。此时真宗正忧心如焚,谁能生个儿子谁就能坐上皇后宝座。但刘德妃始终不能怀孕,于是想出一个移花接木的计策,暗令侍婢李氏侍候真宗。

李氏生得容貌婉丽,性情柔和,原是杭州人。李氏后有孕,果然产下一个男婴。真宗中年得子,喜出望外。李氏尚未好好看儿子一眼,儿子便在真宗的默许下,被刘德妃据为己子。

刘德妃凭此子,44 岁时终于被立为皇后。

刘皇后心性聪明,有过目不忘的本领。跟着宋真宗这些年遍览经史,博古通今,每每替真宗解决疑事。如此,可想而知,刘

北宋·**宋真宗刘皇后画像**
台北故宫博物院藏

北宋·**宋真宗刘皇后画像**（局部）
台北故宫博物院藏

后干预朝政是迟早的事。至真宗晚年，刘后基本上控制了朝政。真宗临终前留言：此后由皇太子赵桢在资善堂听政，皇后贤明，从旁辅助。这等于是正式给了皇后权柄。

此时小皇帝赵桢（即后来的宋仁宗）只有十一岁，尊刘后为皇太后。刘太后坐于皇帝的右首垂帘听政。事无大小，悉由刘太后裁决。

李氏临死时被封为宸妃。刘太后本想以一般宫人礼仪举办丧事。但宰相吕夷简说，日后若想要保全刘氏一门，必须厚葬李妃。刘太后多聪明，马上决定以皇太后规格为李宸妃发丧。

十多年后，仁宗已经20多岁。刘太后依然垂帘听政。范仲淹奏请太后还政，反被太后贬到通州。直到太后65岁病逝，宋仁宗才得以亲政。

回头仔细看刘皇后画像，赫然发现一件不得了的事。刘皇后所戴的凤冠,上面不是凤的形象,竟然全部以龙代替。更不可思议的是,她的"凤冠"上有13条龙,比皇帝的12条还要多1条。而且,凤冠上有多组浩浩荡荡的"王母仙人队"。 象征女性神权的西王母富态庄严,列队仙女翩跹,可谓威仪赫赫。

刘太后在世时,宋仁宗一直不知李氏是自己的生母。刘太后一去世,骤然听说此事,其震惊无异于天崩地陷。又听说生母是被刘太后害死的,当即做出两个决定:一边派人马包围刘家府邸,一边带人去皇陵开棺查验。

当他看到以水银浸泡而尸身不坏的李妃安详地躺在棺木中,容貌如生、服饰华丽时,才叹道:"人言岂能信!"随即下令遣散了包围刘宅的将士,并在刘太后遗像前焚香,道:"自今大娘娘平生分明矣。"

"仁宗认母"这一事件的整个过程,与包拯毫无关系。此时包拯还是一个布衣百姓,在家侍奉父母。人们为何要不分青红皂白编排刘太后呢?刘太后垂帘听政,权倾朝野。后人或许是出于男权意识,或许是基于正统观念,将她比作唐代武则天,而对她当政非议甚多。

3. "满头白纷纷,也没个忌讳!"

你不是说"珍珠妆容"吗?这个故事与珍珠妆有何关系?

说回曹皇后。宋仁宗的这个经历,会不会影响到日后他和后宫之间的关系?会的。

前面说过,宋仁宗的第一个皇后被他废了。

从记载看，宋仁宗最初喜欢的女人是王氏。据《挥麈后录》记载："先是昭陵聘后，蜀人王氏女，姿色冠世，入京备选。章献一见以为妖艳太甚，恐不利于少主，乃以嫁其侄从德。"宋仁宗15岁，到了成婚年龄。刘太后下旨从各大世家中挑选适龄女子，以作备选。蜀地商人王蒙正，有一个女儿绝顶漂亮。他托关系把女儿送到宫中备选，王氏被宋仁宗看中。但刘太后觉得王氏太过妖艳，对年少的帝王不是好事，于是便把王氏赐给了自己的侄子刘从德为妻。

然后，刘太后从众多女子中挑选了两人，分别是郭氏和张氏。这两人都出自功勋之家。郭氏是已故中书令郭崇的孙女，张氏是已故骁骑卫上将军张美的曾孙女。宋仁宗看中了张氏，"帝宠张美人，欲以为后"。但刘太后权衡各种利益后，选定了个性更为可控的郭氏。

郭皇后单纯、任性，仗着刘太后撑腰，很是跋扈。她严密监视宋仁宗的行踪，不准他亲近其他妃嫔宫女，这令宋仁宗十分愤怒。待刘太后驾崩，宋仁宗便再也不理会郭皇后。

郭皇后如何受得了这等冷落，醋意大发。《宋史·郭皇后传》记载："一日，尚氏于上前有侵后语，后不胜忿，批其颊，上自起救之，误批上颈，上大怒。"一天，尚美人在仁宗面前说郭皇后的坏话，郭皇后气不过，上前扇她耳光。仁宗替尚美人挡，一耳光就打到了仁宗的脖子上。仁宗大怒。

仁宗本就讨厌郭皇后，以此为导火线，决定废掉皇后。但废后绝不只是家庭内部矛盾，而是国家大事。于是群臣沸腾。

刘太后是1033年3月驾崩的，8个月后，宋仁宗颁下了诏书：

"皇后以无子愿入道观,特封其为净妃、玉京冲妙仙师,赐名清悟,别居长宁宫以养。"谏官进言反对,但进言者俱被黜责。次年8月,仁宗盛怒之下再次下诏,逐郭净妃出居瑶华宫。

有这样的教训在前面,继任者曹皇后哪敢嚣张。中规中矩成了她性格的主流。

这样看来,宋仁宗是个暴脾气啊,何以当个"仁"字?且慢,同样一个人,一旦爱起一个人来,却是重话都不肯说。《续资治通鉴·宋纪》记载了这样一个以小见大的故事。

朝廷没收了一批南海珍珠,宋仁宗挑了大颗的送给张贵妃做首饰。当时,张贵妃是宋仁宗心尖尖上的人,不但获专宠,宋仁宗还动过废掉曹皇后改立她的念头。

北宋市场上,珍珠本就是炙手可热的奢侈品,仁宗这一赏,起到了推波助澜的作用。京城珠价上涨数十倍。

奢靡之风已起,宋仁宗感到不妙。怎么办呢?对自己所爱之人,这个男人的温存充满智慧。宫里举办宴会,宋仁宗看见张贵妃戴着珍珠首饰来了,故意不正视她,说:"满头白纷纷,也没个忌讳!"张贵妃惶恐,赶紧退下除去珍珠头饰。宋仁宗大喜,命宫女们剪来牡丹花,赏给妃嫔们。没几天,京城珠价顿减。

张贵妃厚宠在身,却没福消受,30岁出头就病逝了。可想而知,宋仁宗悲伤到何等地步。他竟然要追封张贵妃为皇后,以皇后的礼仪厚葬。可曹皇后活得好好的呀,这置她于何地?成何体统?朝廷大臣坚决抵制。唉,宋仁宗朝的大臣也不容易,一次次为皇帝夫妻之间的事要死要活的。

跟废郭皇后一样,朝臣最终斗不过皇帝,张贵妃被追封为温成皇后。一个皇帝竟然同时有两位皇后，男人痴情起来，也是天可怜见。那曹皇后，这口气咽不下也得咽，没被活活气死也足以见得她心理承受能力有多强。

还好曹皇后没被气死，日后能保护苏轼。但凡能保护苏轼的，我们都感激。当然这是后话。也不禁感叹，人的命运真的很难说。曹皇后在宋仁宗在世时，始终是个摆设，仁宗去世后，她又跟养子宋英宗关系不好，还得隐忍地活着。终其一生，从面子上看是尊贵无比，从里子看却是毫无尊贵可言。

4. "珍珠花钿妆"究竟有多美?

再来看张贵妃的珍珠首饰。满头白纷纷，想必不是几颗珍珠。宋仁宗的用词令人遐想。究竟怎么个满头白纷纷，看了北宋皇后们的画像才明白过来。

一眼望去，是否满头白纷纷? 北宋皇后不好当啊，这一顶货真价实的后冠，其重量可想而知。真乃欲戴皇冠，必承其重。

其实大家看到北宋皇后们的画像，心里首先狐疑的不是她们的冠，而是她们的脸。那珍珠，怎么滴到脸上了? 又怎么挂住的? 这是怎样一种标新立异的时尚啊?

皇后们脸上的叫"珍珠花钿"。珍珠花钿是一套的: 额头上的叫"贴额"，额头两边的叫"斜红"。斜红这个词有趣吧，它是指在太阳穴勾勒两道弯痕，以模仿天边消逝的彩霞。对了，还有两腮，两腮的叫"面靥"，以代酒窝，因此又叫"笑靥"。

但珍珠圆滚滚的，怎么粘上去的呢? 是用鱼鳔制成胶，粘上

北宋·宋英宗高皇后、宋徽宗郑皇后、宋钦宗朱皇后画像
台北故宫博物院藏

去的。

　　鱼鳔胶黏合力很强，可用来粘箭羽。更可喜的，是其使用的方便性。一经呵气便发黏。呵气，蘸少量唾液，便能粘住。卸妆时用热水一敷，便可揭下。对皮肤没刺激，大大强于现在的不干胶。

　　北宋，强调理性。皇后们断断发明不出这些花哨玩法。"花钿妆"沿袭自唐代。北宋一代进行了改良，更趋于淡雅、保守。

二、唐的浓艳为何变成了宋的素雅?

5. 唐妆与宋妆区别在哪里?

　　那么，"花钿妆"没改良时是怎样的?

　　先看"贴额"。贴额相传源于魏晋南北朝之宋朝的寿阳公主。有一天她卧于含章殿下，殿前的梅树被微风一吹，落下梅花，有一朵不偏不倚正落在公主额上。宫中女子见公主额上梅花美丽动人，争相效仿。一时成为时尚。五代前蜀诗人牛峤便有《红蔷薇》一诗云："若缀寿阳公主额，六宫争肯学梅妆。"

再看"斜红"和"面靥"。相传三国时期，吴太子孙和（孙权第三子，原太子孙登去世后被立为太子）酒后误伤了宠姬邓夫人的脸。太医用白獭髓调和琥珀医治，邓夫人伤愈之后脸上留下斑斑红点。孙和反而觉得邓夫人更为娇媚，因而更加宠爱。很快，宫里兴起丹脂点颊的时尚热潮，并且在社会上流传开来。丹脂点颊，点的主要在两处：一是太阳穴处的"斜红"，二是脸颊酒窝处的"面靥"。梁简文帝有诗云："分妆间浅靥，绕脸傅斜红。"

到了唐代，社会开放，国力强盛，唐人崇尚丰腴的体态，装饰看重华美艳丽。"花钿妆"恰逢其时，风光无限。

质地有：金箔片、翠羽（翠鸟的羽毛）、珍珠、鱼鳃骨、鱼鳞、茶油花饼、黑光纸、螺钿壳及云母等。北宋陶穀所著《清异录》中说："后唐宫人或网获蜻蜓，爱其翠薄，遂以描金笔涂翅，作小折枝花子。"啧啧啧，也真是想得出，用蜻蜓翅膀做花钿。

形状有：圆点、各种花朵（尤其是梅花）状、牛角形、扇面状、桃子样等。

颜色有：金箔片为金色，闪烁发光；黑光纸为黑色，炯炯闪亮；鱼鳃骨为白色，洁净如玉；翠鸟羽毛为青绿色，随光线闪烁变化。可谓争奇斗艳，绚丽多彩。

"花钿妆"不但质地、形状、颜色丰富多彩，贴的部位也更显突出。"斜红"有变"正红"的，即涂贴的位置移到了脸颊部位。

我们来看几幅唐至五代的"花钿妆"：

翠钿贴额

宋·赵佶摹张萱《捣练图》（局部）
美国波士顿美术博物馆藏

斜红和面靥

宋·父母恩重经变相图
大英博物馆藏

看到没，唐至五代，"贴额"不仅是额中一点，眉毛上方也贴上了。"斜红"一直蔓延到颧骨，色彩浓重。注意，一片浓红中还贴了只黑色飞鸟。

何等繁华，但我们心里惊叹的同时，也不禁想：太繁复了。宁愿做现代一素面平民，不想做画中贵妇。

6. 促成唐宋审美变化的因素是什么？

接触过美术史的朋友，都清楚地知道唐与宋在审美上的不同。用台湾学者蒋勋的话来说：大唐的繁华旖旎转向了宋代的淡雅静定。

促成这个转变的因素之一，是气候。

宋代气温到底比现在冷多少？年平均气温降低了约3℃。别小看这3℃，气温每低1℃，就会导致许多动物与植物的灭绝。尤其是北宋太宗雍熙二年（985）开始，气候急遽转寒，中华大地进入第三个小冰期。

在寒冷气候下，人的心境是不同的。宋代出现了理学，心境上强调"静观万物"。有人说宋代知识分子了不起，他们看不起汉唐，直追夏商周三代。换个角度看，这个太正常了。汉唐盛大，气候温暖，与宋代社会所处的环境不一样。哪个朝代才相近呢？只有西周。西周与北宋，是气候曲线的两个漏斗，形状接近。而所谓直追夏商周三代，"夏"至今未确认，无从追起。"商"的大部分没有文字记载，追不到。其实真正能追到的也就是西周。

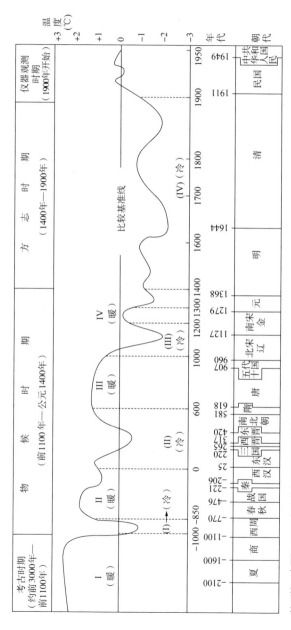

竺可桢　中国近 5000 年来的气温变化曲线图

那么，气候带来的审美变化，反映到女人们的花钿上是怎样的？

唐代气温高，人人气血外放，强调自我。宋代气温低，气血内收，低调保守。审美由繁、浓、艳转变为简、淡、雅。北宋时期，女人们开始"薄妆"，或称"素妆"。

薄妆、素妆不等于不化妆。北宋注重礼仪，皇后要有皇后的样子，妆容少不得，"花钿妆"要保留，但素雅下来，以淡珍珠为主。头、酒窝各一颗，太阳穴各粘一串，与头顶华丽的冠饰作了适度的呼应。珍珠的温润最能体现女性的柔美。

素妆的"珍珠花钿"后来发展出"三白妆"。"三白"是指额头、下巴、鼻梁这三处着重涂白。明代唐伯虎的仕女画，均为这一套路。如北京故宫博物院藏的《王蜀宫妓图》中，两位正面女子脸上的三白妆非常明显。

"三白妆"再发展，就是现在化妆中所谓的"高光"。

7. 北宋时期人们为何酷爱珍珠？

但，还是有个问题。北宋皇后们为何选择"珍珠花钿"？要说柔美，新疆和田白玉不是更甚吗？

北宋皇室爱珍珠算是爱到骨子里了。细看宋神宗（宋仁宗过继孙子）皇后的椅披：靠背椅形制简单，但上面的披巾缀满珍珠，珠光宝气。这才是皇后范。

不仅皇后，皇帝也爱珍珠。哲宗皇帝（宋神宗儿子，宋仁宗过继的曾孙）坐像，不但背椅披缀满珍珠，其襕袍内的黄色交领、袖口上也有珍珠。

北宋·宋神宗向皇后画像
台北故宫博物院藏

北宋·宋哲宗画像
台北故宫博物院藏

　　说起宋哲宗，他未亲政时有一件小事与苏轼有关。王巩《随手杂录》说，宋哲宗曾秘密赐茶给苏轼。赐茶的使者极其神秘地对苏轼说："某出京师，辞官家，官家曰：'辞了娘娘来。'某辞太后殿，复到官家处，引某至一柜子旁，出此一角，密语曰：'赐予苏轼，不得令人知。'出所赐，乃茶一斤，封题皆御笔。"

　　苏轼在杭州任上时，有一天有宫廷内使前来宣旨。临走前，苏轼在望湖楼上为他饯行。内使悄悄对苏轼说："我出京时，皇上让我跟皇太后辞行后再去一下他那里。我依言来到皇上处，他把我带到一个柜子旁，取出一件东西，吩咐我悄悄给你，不准让旁人知道。"内使把宋哲宗赐给苏轼的东西取出，原来是一斤贡茶，封口还有宋哲宗亲笔所书的封条。

　　唉，谁能想到后来的事。宋哲宗一亲政，立即废除旧法，启用新党。苏轼作为保守派骨干分子，被一贬再贬，吃尽苦头。

　　说回珍珠。

　　皇帝皇后如此爱珍珠，那北宋社会上不用说，更是大肆流行珍珠饰品。

　　宋徽宗宣和年间任画院待诏的苏汉臣，绘有《冬日婴戏图》。画里姐弟二人在庭院里玩耍。姐姐手里拿着一面色彩斑斓的旗子，弟弟则用细红绳牵引着一根孔雀羽毛，正逗弄一旁玩耍的花猫。你看小姐姐的头饰，每根红绣带结尾处均缀以珍珠，一共12颗。红白相称，格外秀雅。

　　在南宋刘松年《宫女图》册页中，宫女们头上的珍珠表现得十分清晰。

　　如果说《冬日婴戏图》《宫女图》表现的是富贵人家，那么

北宋·《冬日婴戏图》苏汉臣
台北故宫博物院藏

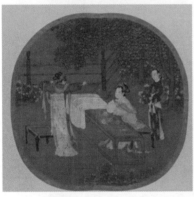

南宋·《宫女图》册页 刘松年
东京国立博物馆藏

在宋代另一幅体现民间风俗活动的《大傩图》中，也有珍珠出现。
手持拍板的老妪，头上饰带两端同样以珍珠坠尾。

宋·大傩图（局部）佚名
故宫博物院藏

再回到核心问题，北宋时期人们为何酷爱珍珠？珍珠在饰界占有率为何如此之高？

我们认为，这与几个因素有关。

第一个因素：北宋开国皇帝赵匡胤。

北宋·宋太祖赵匡胤画像
台北故宫博物院藏

赵匡胤是历史上有名的开国明君，崇尚简朴是出了名的。

北宋建立之初，收拾残局，攻入成都虏获后蜀末代皇帝孟昶。赵匡胤惊诧于孟昶的奢侈，见他小便器具装饰有各种宝石，气愤地将它砸碎，并斥责道："汝以七宝饰此，当以何器贮食？所为如是，不亡何待？"

北宋建国后，一切从简。皇宫里的帷帐、窗帘、桌布都是用青布做的，宫女太监只有300余名，赵匡胤还觉得浪费，又遣出宫 50 余人。他自己当了皇帝还经常穿旧衣服,还将自己穿过的麻线布衣赏赐给近臣。以至于有次宫宴上,他弟弟赵光义实在忍不住说:"陛下的穿戴也太简陋了。"

赵匡胤有 6 个女儿,3 个早夭。剩下 3 个中,永庆公主最小。永庆公主虽为父亲的掌上明珠,但在这样的父亲的教导下,自然穿戴简朴。她出嫁之日前,穿了一件"贴绣铺翠襦"去见父亲。所谓"贴绣铺翠襦",就是一件贴着绣片的上衣。绣片上粘着翡翠鸟的羽毛。"铺翠"即将翡翠羽毛铺排成一个花样。

永庆公主一身光鲜,本想讨个父亲的赞赏。但是,赵匡胤一看见这件衣服,脸就拉下来了:"这件衣服脱下来给我,从今天起不许用此类装饰。"公主撒娇道:"这用得了几只翠鸟啊!"赵匡胤教导她:"如果不这样,皇家用此饰品,宫廷里、百官人家必定效仿。京城的翠羽价格一路攀升,民众追逐高利,环环贸易连接,对生灵的伤害势必日益加剧。实在是因你而起。你生长在富贵家,应当惜福,怎么能造此恶孽呢!(不然,主家服此,宫闱戚里必相效。京城翠羽价高,小民逐利,展转贩易,伤生浸广,实汝之由。汝生长富贵,当念惜福,岂可造此恶业之端?)"

开国皇帝的节俭做派,为整个宋代的时尚流行定下了基调。这也是气候之外,"薄妆、素妆"的原因所在。

第二个因素:关山阻隔。

唐宋时期,中原的珠宝主要来自西域。盛唐时,西边的边界差不多与东罗马帝国为邻,中亚很多国家为其腹地。阿拉伯、波斯、印度的各式珠宝沿丝绸之路源源不断而来。其盛况可从《撒马尔罕的金桃》一书中窥见一斑。

但北宋立国，疆域远小于唐。其北面有强盛的辽国，西北有西夏，西面是吐蕃。虽说珠宝商人无孔不入，但要途径另外的国家，毕竟不方便。因而各种珠宝进入的口径大大缩小。

就拿新疆和田玉来说，其产地和田，北宋时属喀喇汗王朝。所以北宋时中原玉料奇缺，因此催生了"药玉"。所谓"药玉"，即仿玉的琉璃。北宋时期，我国琉璃工艺有很大进步。这时出现了无钡玻璃，即炼制琉璃的原料中不再含有众多杂质，因而烧制出的琉璃更加光洁晶莹，更像玉石，而且熔炼温度也有所降低。

一时，药玉代替和田玉风靡开来。不但民间"里巷妇女以琉璃为首饰"，士大夫中也流行仿玉琉璃制作的各种日常用品。

北宋·琉璃葡萄
河北省定县博物馆藏

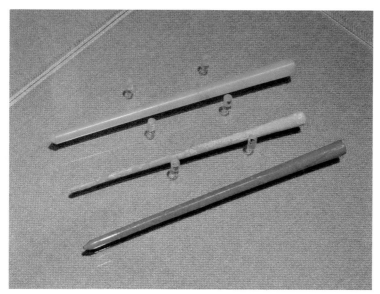

南宋·**琉璃簪子**
作者摄于杭州博物馆

　　第三个因素：北宋美学风格。

　　天气对美学风格的形成起关键性作用。试想，非洲与北欧的审美会一致吗？前面说过，北宋初年气候急遽转寒，中华大地进入第三个小冰期。寒冷的天气下，北宋的美学风格肯定是类似现代北欧的。

　　北宋的美学风格，追求单纯，涉及形状、色彩、质感等方方面面。他们摈弃了唐朝的大红大绿，以水墨作画，用单色釉烧瓷。但北宋的单纯又不仅仅是简单，而是强调写意。绘画时留出大幅空白，由隐而显，由虚而实，意境深远。制作瓷器时虽为素面，但要求釉色莹润如玉，随光变幻。

这几种因素下，作为饰品，也只有珍珠能脱颖而出。既素又贵，完全符合北宋社会的特点。

三、珍珠事关国家安危

8. 珍珠与亡国

珍珠现在能够大把大把的人工养殖，可谓人人消费得起。可在北宋，珍珠是纯天然的，一个蚌里产不产珍珠，完全看运气。那时候的珍珠是奢侈品、稀罕物。但国内需求量如此之大，来源是什么呢？

北宋的珍珠，除了国内岭南产一部分，波斯、阿拉伯等商人带进来一部分，最大的来源，恐怕要数"北珠"。

岭南采珠非常艰辛。南宋的方信孺写有《媚川都》，诗曰："潺潺愁云吊媚川，蚌胎光彩夜连天。幽魂水底犹相泣，恨不生逢开宝年。"让珠民潜水到五百尺以下去采珍珠。这哪是采珠，是换命啊。

而北珠，是指产于黑龙江、吉林、辽宁的珍珠。因其颗粒大、珠光强，自古以来一直是高品质珍珠的代名词。

一说产地，你就明白问题的严重性了吧。北宋时，那里是辽国的势力范围。仅仅是辽国的话，问题还好办，北宋富庶，大把大把付钱就是了。但这中间还牵涉到一个女真族。

北宋、辽、女真，三者之间关系微妙。起初北宋与辽并立，女真族是辽的属部。后来女真族逐渐强大，反抗辽，建立金国。金国先灭辽，后灭北宋，然后与南宋并立。最终金国、南宋均灭于蒙古。

且说女真还是辽国部属时，有个小东西成了女真、辽、北宋三者的矛盾焦点。啥？珍珠。

北宋向辽国购买珍珠。数量之大，收益之丰，让辽国人笑得合不拢嘴。但辽国产珍珠的地方在东北，即其属下女真族的地盘。

每年十月，珠蚌大熟。但东北坚冰数尺，无法取珠。当地有一种天鹅，专以珠蚌为食，食蚌后将珠藏于嗉内。它们是珍珠的拥有者。

那里又有一种鹰隼，叫海东青（又名矛隼、鹘鹰）。海东青喜欢捕捉大雁，以大雁脑浆为食。于是，女真人的祖先便训练海东青捕捉这种天鹅，以获取珍珠。

元·架上鹰图
美国波士顿美术博物馆藏

元·元世祖出猎图（局部）
台北故宫博物院藏

辽·架鹘童子
作者摄于国家博物馆

海东青是一种猛禽，体型娇小，但飞得极高极快。其力之大，如千钧击石。它有一个响亮的名号，那就是"万鹰之神"。海东青野性很大，捕捉和驯服很不容易，民间有"九死一生，难得一名鹰"的说法。女真族在捕猎时，习惯在左臂上架着一只海东青。它既是捕猎的助手，又是力量与威武的昭示。

辽代的皇帝，每年春天在鸭子河（今松花江）附近放海东青捕天鹅，捕到第一只天鹅，要摆宴庆贺，名曰"头鹅宴"。头鹅宴一吃，珍珠也就滚滚而来。

为此，在辽金的玉器中，专门有一类叫"春水玉"。图案表现的就是海东青捉住天鹅、欲啄其脑袋的刹那。那是对辽金贵族春天在湖边渔猎场景的刻画，带有明显的北方游牧民族的特征。

可是，北珠是自然生长的，当时并不能人工养殖，数量是有限的。辽国无休无止的索取，导致海东青及珍珠日渐稀少。海东青越难捕，横征暴敛就越凶残。契丹贵族除了向女真人索取海东青和珍珠以外，还要他们献上美女伴宿，称之为"荐枕"。开始只要未出阁的漂亮女子，后来连已婚的美貌妇女也不放过，搞得鸡犬不宁、天怒人怨。

忍无可忍的女真首领完颜阿骨打揭竿而起，前后仅用12年时间，就将辽国、北宋两个王朝彻底推翻。

辽金·**青玉鹘啄鹅饰件（春水玉）**
作者摄于国家博物馆

9. 宋神宗发现自己不会做生意

在辽国与女真相互倾轧的过程中，北宋这边对珍珠的态度也是有过变化的。

宋仁宗生有三个儿子，均早夭。后来过继堂兄濮安懿王赵允让的第十三子为嗣，他就是北宋第五位皇帝宋英宗。宋英宗皇帝之位只坐了四年便去世了。其长子继位，是为宋神宗。

宋神宗登基时，年方二十，可谓血气方刚。他为了改变国库空虚而前方战事吃紧的局面，不惜翻出宫里的家底去变现。

宫里的家底，值钱的要数珍珠。宋神宗下旨把奉宸库（供宫廷享用的内库）的珍珠拿出来，带到河北四榷场（宋、辽交界处设置的互市市场）去卖，然后将获得的银两积攒起来用作买马。

珍珠有多少呢？一共两千多万颗，真不少啊。这些珍珠按照品级分成 25 个类别，按质量定价。宋神宗在皇宫里稳稳地打着算盘：闪亮亮的珍珠过去，一大批战马过来。

结果呢？大出所料。

这批珍珠从首都汴梁运到边界河北四榷场，本应再运到辽国

北宋·宋神宗画像
台北故宫博物院藏

去。实际上，却是宋朝商人从河北四榷场将珍珠买下，再运回汴梁。

宋神宗大跌眼镜。自小长在皇宫里的人哪里晓得生意经！本来嘛，你这珍珠是向人家辽国买的，辽国正因为北宋市场大才不断敲诈女真族上贡珍珠，现在你再卖回给他们，不等于江边卖水嘛，这生意怎么做得起来。这是其一。其二，宋朝从战略角度考虑，一直刻意限制北珠的流入，有限的珍珠进口后得优先供给朝廷。而官宦人家、富商巨贾消费能力极强，却苦于买不到珍珠。宋神宗这样一来，敏锐的商人们立即嗅到商机，相当于给他们下了一场甘霖。

看来宋神宗不懂经济啊。这可能也是他后来一味依赖王安石变法的原因之一。

10. 欧阳修女婿记录下初创人工养殖珍珠之人

其实，珍珠供不应求这个问题，在北宋一朝始终没能解决。后来，南宋的皇后们照样"满头白纷纷"，是舍不得抛弃"珍珠花钿"啊。

但毕竟是北宋，终于想出了"人工培育珍珠"的办法。

北宋庞元英（宰相庞籍之子，欧阳修女婿）所著《文昌杂录》，详细记载了人工育珠的始创者和具体方法："礼部侍郎谢公言有一养珠法……取稍大蚌蛤，以清水浸之，伺其开口，急以珠投之，频换清水……经两秋，即成真珠矣。"简言之，就是将珠核插入母贝中，让其形成珍珠。

北宋成功研发人工育珠，从此解决了中国人的用珠问题。不

南宋·宋高宗吴皇后
台北故宫博物院藏

知南宋皇后们用的"珍珠花钿",有无人工养殖珍珠。

历史上,珍珠的产地主要在东方。就在北宋人工育珠开始的时候,西方正上演轰轰烈烈的十字军东征,欧洲人从东方带回去大量珍珠,在西方掀起了珍珠热潮,以至于西方历史上有一个时期被称为"珍珠时代"。

此为后话。

珍珠项链
作者自藏

元代的宝石帽顶

戴帽子，北方人比南方人有更深的体会。

人的头部，被称为"诸阳之汇"。冬季外出戴帽子，打个比方，就是给热水瓶加个塞子。

有研究表明，静止状态下不戴帽子，气温在15℃时，人体的热量约1/3会从头部散发；气温在4℃左右时，约一半从头部散发；而在零下10℃左右时，约有3/4从头部散发。

所以，现在的环境下，北方人冬天大都戴帽子，南方人则很少戴帽子。而历史上经历过多次寒潮期，无论北方、南方，均需戴帽子。

一、为何要从元代帽子说起?

1. 从帽到冠，含义发生了哪些变化?

帽子如果仅仅是起到御寒功能，就不稀奇了。然而，帽子戴在头上，头是人体最重要也最为显眼的部位，这就非同一般了。

我这个人喜松不喜紧，反映在服饰上就是"不修边幅"。这一点，时不时会遭到身边朋友的谴责。有一次，好像是开一个蛮正式的会，只能西装革履。不料，她们还是摇头：头，你这个头发不弄不行，噱头噱头，头是重点。

后来我才发现，头这个重点，现在的地位真是大大没落了，只落得个"头发弄弄"。头发弄弄哪里够，要有冠才行。

冠，就是从帽子的御寒功能出发，发展出的更为重要的意义。

　　凡在顶部，像帽子一样的东西，只要是褒义的，都加"冠"字。如花冠、桂冠、树冠、鸡冠、冠盖。而超出众人，居第一位者，则叫冠军。

　　咦，最重要的没讲到。

　　联系到本书的内容"帝王家的珠玉"，最重要的来了：王冠、皇冠、冠冕。

　　阶级分层后，冠的作用及造型、款式也不断演化，最终成为一种十分复杂的，具有实用、装饰、表明身份等诸多作用的服饰之一。

2. 元代皇帝的"正装照"

　　先来看幅画像：这是藏于台北故宫博物院南薰殿的"中国历朝历代皇帝、皇后肖像"中的元文宗像。

元·元文宗画像
台北故宫博物院藏

　　元文宗是元代皇帝中我们较为熟悉的一位。其名孛儿只斤·图帖睦尔（1304年2月16日—1332年9月2日），元代第八位皇帝，两次在位，在位时间共计四年。

　　元代大多数皇帝喜武厌文，但元文宗自幼酷爱汉文化，加之天赋异禀、有大儒的悉心教导，拥有极高的文化修养。他在位期间创建的"奎章阁"，不仅陈列珍玩、储藏书籍，而且还汇集当时最著名的文人开坛讲学、编撰书籍，给后世留下很多宝贵的文

宋赵佶·《腊梅山禽图》上的 "奎章阁宝"
台北故宫博物院藏

化财富。如今的书画收藏界，如果见到有"奎章阁宝"印者，莫不身价倍增。

元文宗在书法、绘画方面的造诣颇深。其代表作《万岁山图》，"意匠经营，格法遒整，虽积学专工，所莫能及"（《南村辍耕录》）。在 2010 年北京九歌秋拍以人民币 3.3488 亿元落锤。

在美国纽约大都会艺术博物馆，藏有一幅制作于 1328 年左右的《大威德金刚曼荼罗》。原系元代皇家藏式缂丝作品。大威德金刚，是象征智慧的文殊菩萨的忿怒相。根据藏族传统，慈悲的文殊菩萨可化身为具有威慑力的大威德金刚（死亡的毁灭者），去镇伏阎罗王（死神）。大威德金刚的供养人位置，左下角是元

元·大威德金刚曼荼罗（局部）
美国纽约大都会艺术博物馆藏

文宗及其兄长和世王子的画像，右下角是其配偶们，即卜答失里皇后和巴布沙夫人。

以上画像和缂丝作品中，元文宗均戴耳环、垂帽缨，帽顶上还有宝石。

再来看他父亲元武宗海山和侄儿元宁宗的画像，均戴耳环、垂帽缨，帽顶有宝石。

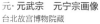
元·元武宗　元宁宗画像
台北故宫博物院藏

对了，元代皇帝的皇冠，都是这个套路，大大超出我们对"皇冠"的固有印象。

为何？

3. 元代帽子式样的渊源

　　元代统治者为蒙古族。蒙古族居于高原地带，常年在野外游牧。冬季风雪严寒，夏天烈日炎炎，因此无论春夏秋冬都得戴帽子。

元·元成宗画像（发型）
台北故宫博物院藏

　　为了妥帖地戴帽子，蒙古人多把额上的头发弄成一小绺，像个桃子，将头顶部分的头发剃光，只在两鬓或前额部分留少量余发作为装饰，编成两条辫子，再绕成两个大环垂在耳朵后面，下垂至肩。这种特殊的发饰，"上至成吉思汗，下及国人"，皆称"婆焦"。

　　"婆焦"又称"怯仇儿"或"不狼儿"。说的是这种发型左右垂髻至肩，妨碍回头看东西，不能像狼一样环顾左右。

　　其实这种发型几乎是辽代契丹人的翻版。早在蒙古还是各个大小部落的时代，辽朝统治了蒙古草原大部分地区，他们对早期蒙古社会文化的形成产生了巨大的影响。

　　帽子在元代的服饰文化中地位很重要。重要到什么地步？帽子和头颅同等重要。"二人行，长者为上，一人行，帽子为上。"

　　元代男子的帽子，有冬夏两种。

　　冬帽，叫栖鹰冠，也叫扁帽。栖鹰冠的设计整体像鹰。中心部位像鹰的身体，两旁的护耳如鹰的双翅，长而宽的后部即是鹰的长尾。这是蒙古族冠饰中最具特色且历史悠久的一种冠饰。鹰是蒙古族的灵神，也是游牧民族英武吉祥的象征，栖鹰冠蕴含着蒙古人对鹰的特殊情感以及对鹰所拥有的力量的崇拜。

明·铜钹
作者摄于杭州博物馆

夏帽，叫钹笠冠。钹，是指铜质圆形的打击乐器，两个圆铜片，中心鼓起呈半球形，正中有孔，可以穿绸条等用以持握，两片相击作声。钹笠冠，顾名思义是形状像钹的帽子。

在肖像画和织锦《大威德金刚曼荼罗》中，元文宗戴的都是白色钹笠冠。

钹笠冠原先是没有帽檐的。因忽必烈外出射猎时感到日光刺眼，察必皇后特意为他改制，加了前檐，功能类似于现在的太阳帽。这是有文字记载的。《元史·世祖昭睿顺皇后传》："旧制帽无前檐，帝因射，日色炫目，以语后，后因益前檐，帝大喜，遂命为式。"又曰："国人皆效之。"

还有，从忽必烈画像中也可看出，早期的钹笠冠是没有帽顶的。

元·元世祖忽必烈画像
台北故宫博物院藏

二、为何独独是元代将宝石带入了华夏社会？

4. 元代皇冠何时加上了宝石顶子？

那么，从什么时候起，元代皇帝的皇冠上增加了宝石帽顶呢？

成书于元代的《南村辍耕录》，作者陶宗仪记载："大德间，本土巨商中卖红剌一块于官，重一两三钱，估直中统钞一十四万锭，用嵌帽顶上。自后累朝皇帝相承宝重，凡正旦及天寿节大朝贺时则服用之。"

翻译过来是说：元代大德年间，有一位本土巨商，卖了一块红剌到皇宫中，重一两三钱，估值中统钞十四万锭，干吗用的呢？是用来镶嵌到帽顶上的。这之后，这块红剌成了元代皇帝的传家宝，每到大日子举行朝贺时，都要拿出来佩戴。

看看，大德年间，一颗稀世宝石以巨价卖到了皇宫中，用来做帽顶。自此，一朝朝皇帝传承下去。

让我们来看其中的关键词。

大德，是元成宗的年号。从1297到1307年，共9年。

元成宗，是元代第二位皇帝。元世祖忽必烈之孙、太子真金之子。

也就是说，"红剌"是元代第二任皇帝开始拥有的重宝。这也与画像对上了。元代第一任皇帝忽必烈，他的画像帽子上并无帽顶。

元·元成宗画像
台北故宫博物院藏

元成宗是一位守成之主，无嗣而终。他的时代，闹得最凶的事件就是他去世后的抢夺皇位。

元成宗年轻时酗酒过度，身体一直不好。但他有一位特别厉害的皇后，叫卜鲁罕。偏偏卜鲁罕不能生育。元成宗唯一的儿子德寿太子，为元妃失怜答里所生。卜鲁罕皇后对这对母子妒恨交加。

谁想到，小太子在被立为太子那年年末病卒。其母受不了打击，也很快离开人世。元成宗知道自己的身体难以再次生子，便想到了自己的侄儿们。他共有6个亲侄儿。其中二哥的正妃答己所生的两个儿子海山与寿山，很得他的欢心。他打算按"兄死娶嫂"的风俗，将寡妇二嫂纳为妃子，一举两得地解决继承人的问题。

卜鲁罕皇后岂能容忍这种事发生。在她的铁腕运作下，海山仍留在漠北镇抚军民，答己与小儿子寿山被赶出京城，贬到怀州（今河南省沁阳市）。

大德十一年（1307），元成宗崩逝。因无太子，帝位之争拉开序幕。卜鲁罕皇后抢先出手，与宰相等人合谋，要扶阿难答上位。

从历史的眼光回看，这真是一次惊心动魄的事件，是影响中华民族何去何从的大事件。

阿难答是谁？他是元世祖忽必烈的孙子，元成宗的堂弟。据说因其父忙哥剌（忽必烈第三子）常年征战沙场，阿难答一出生便被托付给一个穆斯林家庭抚养，所以阿难答长大后成为一名伊斯兰教的忠实信徒。

阿难答袭封为安西王后，在领地内（今宁夏、甘肃、陕西等）大力倡导伊斯兰教。其属下近二十万蒙古军队，皆在他的强制要求下全部改奉伊斯兰教。通过宗教信仰，他大大抬高了自己的身价，扩大了在领地的政治影响，也争取到统治集团中大量穆斯林和亲伊斯兰教的蒙古贵族的支持。同时，这似乎显示出他有联合察合台、窝阔台汗国诸王的意图。因为这两个汗国中，信奉伊斯兰教的人很多。

元成宗在世时，笃信佛教，认为这个信奉伊斯兰教的堂弟背叛"祖宗之道"，将其拘捕下狱，迫使其归信佛教。但阿难答誓死不从。元成宗惧其领地广阔，强之恐激而生变，遂抚慰放还。

如今卜鲁罕皇后要扶阿难答坐上皇位，如果计谋成功，我国在 14 世纪初的几十年内伊斯兰化亦未可知。

但当时，朝廷皇室贵族中，毕竟还是佛教徒居多。他们无法容忍一个穆斯林信仰者上位。卜鲁罕皇后的同盟军宰相大人对这个计划阳奉阴违，暗地里派人通知漠北的海山以及怀州的答己母子，让他们立即以奔丧为名赶赴京城夺取帝位。

结果，离京城更近的答己母子先期抵达，将卜鲁罕皇后和阿难答等人一网打尽。海山带着重兵赶到后，赐死阿难答等人。寿山考虑到兄长手握重兵，便拥立兄长上位。如此海山称帝，是为元武宗。

元代的宫斗戏，实在比我国任何一个朝代都要生猛。

好了，元文宗的亲爹终于登上皇位。这轮下来就是他了吧。远没有。从元武宗到元文宗，中间还要经过元仁宗（寿山）、元英宗、泰定帝、天顺帝四任皇帝，太精彩了。

让我们回到大德年间本土巨商卖红刺给皇宫的事。

5."黄金家族"的文化圈、商贸圈

红刺是啥?

元人陶宗仪《南村辍耕录》根据宝石的种类,列出清单如下:

红石头 4 种:刺、避者达、昔刺泥、古木兰;

绿石头 3 种:助把避、助木刺、撒卜泥;

鸦鹘:红亚姑、马思艮底、青亚姑、你蓝、屋扑你蓝、黄亚姑、白亚姑;

猫精:猫睛、走水石;

甸子:你舍卜的、乞里马泥、荆州石。

怎么样?看懂了没?摇头,不懂。那全是音译的缘故。

同一种宝石,不同的人又译出不同名来。如"鸦鹘"又译为"亚姑""雅姑""雅忽""鸦琥"等。其实都是现在说的宝石。元人按汉语习惯,将红、蓝、黄、白的异国宝石称为红亚姑、青亚姑、黄亚姑、白亚姑。

为何元代盛行宝石?

宝石美丽,聚集天地间强大的能量,价值高而体积小,便于携带。又因存世量少,保值功能明显。对于游走天地间、注重与万神沟通的游牧民族来说,宝石是神奇的圣物,是一生财富的最终集聚处。

崇尚宝石的游牧民族自古有之,但为何独独是元代的蒙古族将宝石带入了华夏社会?

这就要说到蒙古帝国的版图。

1206 年，南宋宋宁宗下诏北伐金朝，史称"开禧北伐"。这次北伐同样以南宋失败告终。这边南宋与金国相互算计，打得不可开交。他们没想到灭他们的对手，此时已成气候。

也是 1206 年，铁木真建立大蒙古国，尊汗号为"成吉思汗"，意为"拥有海洋四方的大酋长"。大蒙古国开始征伐西夏、西辽、金国、花剌子模等国。经过成吉思汗、窝阔台汗和蒙哥汗三代大汗的三次西征，蒙古帝国的疆域达到了巅峰，包括东欧、西亚、中亚以及西藏、漠北、东北、华北等在内的辽阔地域，占地约 2400 万平方公里。

大蒙古国曾是世界历史上版图最大的帝国，它甚至彻底击败俄罗斯，并统治东欧长达两百年之久，这是俄罗斯历史上唯一一次被打败与被征服的记录。

试想，气势如此之盛的帝国，岂能允许南宋在它眼皮子底下偏居一隅？

大蒙古国第三代人汗蒙哥正是死于征服南宋的战争中。1259 年，是南宋开庆元年，对于 54 岁的宋理宗来说，这是特别艰难的一年。从年初开始，由南到北 1000 多公里的国境线上，蒙古人对南宋发起了总攻。

大汗蒙哥亲自率领六万大军向四川发起进攻。正月，利州、隆庆、顺庆、阆州、彭州、广安等地先后失陷，四川往东南方向的道路全部断绝。但接下来，天气转暖，1259 年是南宋最为炎热的一年，"自春至秋，半年无雨"，南宋境内普遍奇热。而四川，不仅热，还潮湿。蒙古军人本就水土不服，加之酷暑湿热，军中暑热、疟疾、霍乱等疾病流行。蒙军病死者日增，军心开始逐渐涣散。蒙哥爬到高台上观看城内动静时，被宋军所发射的炮石击中，死于钓鱼城下。蒙哥的猝死，延续了南宋王朝二十年的寿命。

蒙哥汗去世，其两个弟弟（老四忽必烈、老七阿里不哥）争夺汗位，大蒙古帝国开始走向分裂。次年，忽必烈击败阿里不哥，登上汗位。

可是，忽必烈的继承资格，并没有得到蒙古诸王的一致承认（原因下面会分析到）。如此，原属蒙古帝国的术赤、察合台、窝阔台、旭烈兀等四王，分别在自己的封地上独立，后人称其为四大汗国。

我们绕了这么远，是想说明一个问题：元代与中国历史上任何一个朝代不同。元代有着波澜壮阔的背景。试想，成吉思汗有8个儿子，而他的长子史载最少有14个儿子（据说实际有40多个）。成吉思汗的四子拖雷的儿子最少，也有11个，蒙哥为其长子，忽必烈为第四子，阿里不哥为第七子。所以成吉思汗到底有多少孙子，恐怕他自己都数不清。历史上将成吉思汗的后人称为"黄金家族"。

忽必烈建立的元代，只是成吉思汗庞大帝国的一部分。与元代同时存在的由"黄金家族"控制的帝国还有：

（1）东欧的金帐汗国（又称钦察汗国，1219年—1502。成吉思汗长子术赤封地）。

（2）中亚一带的察合台汗国（1222年—1402年。成吉思汗次子察合台的封地）。

（3）西北的窝阔台汗国（1251年—1309年。成吉思汗三子窝阔台之孙海都建立的汗国）。

（4）西亚的伊儿汗国（又称伊利汗国，1256—1335年。拖雷第六子旭烈兀驻扎之地）。

四大汗国发展延续200余年，后来演化为帖木儿帝国、莫卧儿帝国、白帐汗国、喀山汗国、阿斯特拉罕汗国等诸多著名帝国，直接催生今天的俄罗斯、哈萨克、乌兹别克、鞑靼等欧洲以及中亚民族，余波影响600余年，对中亚、西亚、东欧乃至世界历史的发展产生了深远的影响。

前面说的阿难答意欲联合察合台、窝阔台汗国诸王，就是想联合与元帝国接壤的两大汗国。

蒙古帝国是一个多民族、多宗教、多文化兼容并蓄、交相融汇的国度。蒙古帝国极盛时的范围：东起大海，西达伏尔加河，南到印度河，北近北极圈南。这是人类历史上第一次出现东西海陆大交通、亚欧文化大交流的局面，文化往来，盛况空前。

偌大的蒙古文化圈，也意味着同样大的商贸圈。正如《元史·地理六》所载："元有大卜，薄海内外，人迹所及，皆置驿传，使驿往来，如行国中。"

元代的陆路贸易路线很发达，主要通过钦察汗国与克里米亚和欧洲各国建立联系，通过伊利汗国与各阿拉伯国家建立联系，伊利汗国因与元代统治者同属拖雷一系，彼此间更是十分亲密。一度沉寂的丝绸之路再次繁荣起来，东西方的商旅络绎不绝，日夜奔忙。

在当时，元代的各大市镇都有外国商人长期定居。繁华的商业贸易如诗人所云："憧憧十二门，车马如云烟。"中国商人带去丝绸、瓷器等，西域商人则带来珠宝、药材、香料等。元代贵族每年用于购买西域珠宝的开销十分庞大。

元代的海洋贸易同样热闹非凡。元代除与日本、朝鲜、占城、南洋诸国进行频繁的海上贸易外，商船沿印度洋岸诸国，经阿拉伯海，同非洲东海岸、红海、地中海沿岸的许多国家进行贸易。在元初，政府控制的对外贸易海舶达15000艘，仅穆斯林巨商佛莲一人，就有海舶80余艘。据《四明续志》记载，由宁波进口的商品有240多种。汪大渊的《岛夷志略》记载当时由泉州港进口的商品也有100多种。元代进口的商品中，香料和珠宝占有很大比例。

一方面是统治阶层的审美自上而下影响到民众，需求量激增。另一方面东欧、西亚、印度、中亚等珠宝产地到中原的商贸路线畅通无阻。结果必然是：异国宝石进口到中国的数量之大、品质之丰富前所未有。

6. 红剌到底是何种宝物?

元人陶宗仪在《南村辍耕录》中介绍完那颗著名的"红剌"后，说："呼曰剌，亦方言也。今问得其种类之名，具记于后。红石头（四种，同出一坑，俱无白水）：剌（淡红色，娇），避者达（深红色，石薄方，娇），昔剌泥（黑红色），古木兰（红带黑黄不正之色，块虽大，石至低者）；绿石头（三种，同出一坑）：助把避（上等暗深绿色），助木剌（中等明绿色），撒卜泥（下等带石，浅绿色）。"

陶宗仪打听来的宝石名字，翻译成现今的语言，则是：

红宝石四种：淡红色宝石，晶体好，色泽娇艳；酒红色红宝石，晶体较薄，色泽娇艳；黑红色红宝石；红色中有黑黄杂质的红宝石，块虽大，但质地较粗糙，石性较重。

祖母绿三种：上等祖母绿，晶体呈暗深绿色；中等祖母绿，晶体呈明绿色；下等祖母绿，晶体呈浅绿色。

可见，被镶嵌于元代皇帝帽顶的红宝石，是块晶体很好的淡红色红宝石。

从历代元代皇帝画像上找，最接近的莫过于元武宗、元文宗父子俩。帽顶上的红宝石几乎一模一样，倒是符合"累朝皇帝相承宝重"的说法。

元·元武宗 元文宗画像（帽顶宝石的相似度）
台北故宫博物院藏

当然，现在有了科学仪器，我们知道元代所谓的红宝石是统称，其中包括红宝石、红色尖晶石，甚至红色的碧玺、石榴石等。即使到了近代，某些红色尖晶石还是归类于红宝石。这是因为红宝石和尖晶石本身就是共生的，加

自左到右：红宝石、红尖晶石、红碧玺、红石榴石
作者自藏

上颜色、光泽都非常相似，肉眼很难区分。世界著名的"黑王子红宝石"后来经认证其实是一块红色的尖晶石。

7. 古今计算宝石重量的方式有何不同？

卖到元代皇宫的这颗红宝石，重一两三钱，放到现在，到底有多重？

现在全世界通行的宝石重量计算单位是"克拉"。

传说，钻石被人们发现时，尚无出现精准的测重仪。当地有一种神奇的植物叫角豆树，其种子在正常情况下每一颗的重量几乎一致，都在0.2克左右。于是，角豆树种子就被当作钻石的重量计量单位，也就是克拉。

几经发展，这项传统被神奇地保留了下来，成为名贵宝石的

重量计量单位。一克拉可分为一百份，每一份称为一分。如：0.75克拉为 75 分，0.2 克拉为 20 分，0.02 克拉为 2 分。

　　判断红宝石的品质，有四大要素：颜色、重量、净度和切工。在其他三项指标不相上下的情况下，红宝石的克拉数越大越难得，价值越高。该价值不是同比增长，而是呈几何级数增长的。

　　红宝石是一种珍贵、稀有且开采困难的宝石，天生颗粒较小，数吨矿砂经过淘洗筛选，往往只能得到几小颗红宝石，更大的概率是颗粒无收。且常见的红宝石内部有很多裂纹，有"十红九裂"的说法。所以，大克拉、高品质红宝石是非常难得的。

　　高品质的红宝石，1 克拉左右的是入门级收藏爱好者的首选，2 克拉左右的是优质收藏者的心头好，3~5 克拉的则是资深收藏家的焦点所在，5 克拉以上基本是顶级收藏家的追求。

　　5 克拉是一个标志性门槛。大多红宝石投资收藏家都难以跨过 5 克拉这个门槛。一来是因为极度稀有，市场上基本看不到；二来价格相当昂贵。

　　1 克拉到底有多重？

　　1 克拉 =200 毫克 =0.2 克。

　　那么，元代的一两三钱，是多少克拉？

　　《元典章》中规定："凡斛斗秤尺，须行使印烙。"由官方公布标准，颁至全国。这一点在元秤锤上反映得十分突出。元代秤锤铭文的内容包括铸造的年代、地名、长官等，有些锤上还铸有锤重和最大秤量。

　　北京市文物管理部门曾在北京各区县征集到 10 余枚元代的铜权。其中，"元贞元年大都路造，斤半锤，三十五斤秤"，现测质量为 933 克；"大德十年大都路造，一十六斤秤，一斤锤"，现测质量为 616 克；"大德八年大都路造，三十五斤秤，斤半锤"，现测质量为 900 克。

比较三者质量与量铭，可知当时一斤约合 610 克。

1 斤 =16 两 ≈ 610 克；

1 两 =38.125 克；

1 两 =10 钱，1 钱 =3.81 克；

一两三钱，约等于 49.56 克，换算成克拉，则是 247.78 克拉。

前面我们说过，大多红宝石投资收藏家都难以跨过 5 克拉这个门槛。现在来了个 247.78 克拉，让人不由得瞪大眼睛，太厉害了，也只有皇家能够买得起吧。

来对比一下：时隔 600 多年后，英国女王伊丽莎白二世拥有了著名的"泰米尔红宝石"，1953 年 6 月 2 日加冕时，她佩带了该宝石项链。项链中间最大的一粒红尖晶石重 352.5 克拉。

英女王伊丽莎白二世的"泰米尔红宝石"

8. 元代宝石要是放到现在是"大漏"吗?

元代皇家 247.78 克拉的红宝石,当时价值几何?

先看几个现在的拍卖实例,看看红宝石的值钱程度。

(1)2015 年 12 月,香港佳士得拍出一枚"红宝石配钻石戒指",枕形红宝石重约 15.04 克拉,产自缅甸,未经加热优化,成交价 1.418 亿港元。

(2)2016 年 4 月,纽约佳士得拍出一枚"红宝石配钻石戒指 VERDURA",椭圆形红宝石重约 15.99 克拉,产自缅甸,未经加热优化,成交价 1416.5 万美元。

(3)2017 年 5 月,日内瓦佳士得拍出一枚"红宝石配钻石戒指",椭圆形红宝石重约 15.03 克拉,产自缅甸,未经加热优化,成交价 1275.15 万瑞士法郎。

再来看中统钞一十四万是多少。

中统钞,全名为"中统元宝交钞",是我国现存的最早由官方正式印刷发行的纸币。刻板印制时间为元代中统元年(1260)的忽必烈时代。树皮纸印造,钞纸长 16.4 厘米,宽 9.4 厘米,正面上下方及背面上方均盖有红色官印,与现代的钞票别无二致。不受区域和时间限制,国家收税、俸饷、商品交易、借贷等均使用该钞,并允许用旧钞换新钞。

中统钞是通行于全国各地的统一货币,相当于现在的人民币。

纸币的发行,是元代向南宋和金朝学得的金融技术。南宋、金朝是多种货币并存,而元代则规定只允许流通纸币。忽必烈时代制定了《至元宝钞通行条例》,详细规定了纸币的制作、发行、

元·中统钞
作者摄于国家博物馆

流通条例以及伪造的惩罚办法。即以行政命令强制发行纸币，保证纸钞的流通使用。

所以，我们读元代文献，说到多少贯、多少文，或是几锭、几两、几钱，指的都是纸钞。

问题来了，纸钞的单位为何是贯、锭、两？

中统钞以白银为本位。银本位是指国家发行纸币时，以白银作为准备。纸币随时随地可以自由兑换银币或白银。所以，中统钞的面额单位也是随银币的。如：一十文、二十文、三十文、五十文；一百文、二百文、五百文；一贯文、二贯文。

那么，卖到皇宫中的这枚红宝石价格为"中统钞一十四万"，折算成现今的人民币到底价值几何？

中统钞每两贯可兑换白银一两。1万，是指1万锭。根据《历代食货志注释》，"锭"指银货，每锭50两的元宝。

1锭=50两白银，1万锭=50万两，"一十四万"约等于700万两白银。

比照到现在，1两银子值多少钱呢？这还真不好说。为何？有人问你金子多少钱1克？不一定啊，这短短几年，最低时人民币200多元一克，最高时接近人民币500元了。

大体来说是这样：1两银子盛唐时期价值人民币2000~4000元，北宋中期价值1000~1800元，明朝中期价值600~800元，清朝中晚期价值150~220元。

元代，按照1两银子1000元算，700万两白银约等于人民币70亿元。那么，一十四万岂不折合人民币70亿元。这也太贵了吧。

别急，元代大德年间（1297—1307），中统钞已经开始贬值了。

元初，忽必烈时代，发行纸币比较谨慎。中统钞严格遵守银本位，有十足的准备银，且准许兑现，几乎没有通货膨胀。但到了大德年间，开始滥发宝钞，朝廷将各种发行准备库中的金银集于大都，且禁用铜钱，引起各地物价飞涨。1287年发行至元宝钞，五倍于中统钞，1309年发行至大钞，又五倍于至元钞，至此官方发行钞票已公开贬值二十五分之一，实际远不止此数。

即使按照贬值二十五分之一算，大德年间的中统钞一十四万，也折合人民币约为2.8亿元。

与现在的红宝石拍卖价相比，是贵了还是便宜了？前面说过，红宝石5克拉是个门槛，一般人难以跨越。5克拉以上的，价值呈几何级数增长。要是晶体够好，按照2015年12月香港佳士得

拍出的"红宝石配钻石戒指"，红宝石重约 15.04 克拉，成交价
1.418 亿港元，那这颗元代皇家红宝石还真是"大漏"。

三、蒙古贵族为何会喜欢玉帽顶?

9. 宝石帽顶的绝对地位

被元代"累朝皇帝相承宝重"
的红宝石，是干吗用的呢? 用于
镶嵌在帽子上，作为帽顶的。

帽顶或冠顶上加饰物，是马
背民族的传统，自古有之。内蒙
古博物院藏品中，有一顶战国时
期的匈奴王冠。一只展翅的雄鹰，
站立在一个狼羊咬斗纹的半球状
体上，俯瞰着大地。煞是威猛。

战国·**匈奴王冠**
王薇摄于内蒙古博物院

元人的帽子大致分帽顶、帽
身、帽缨三部分。

来看元文宗像: 元文宗头戴
白色钹笠帽，帽顶有珠宝，用华
丽的帽珠兜住下巴，头后垂有一
块白色巾布。还佩戴有珍珠耳饰，
扎着的结辫垂于双耳侧。

元·**元文宗画像**（帽顶、帽身、帽缨）
台北故宫博物院藏

来看帽顶：帽顶是元人帽子的最大亮点，这可能就是它大大流行的原因所在。

帽顶为何会成为亮点呢？

帽子位于头的上面，是首位的首位。而帽顶又位于帽子的最上面，是人身上最最重要的地方。因为位置重要，帝王家的帽顶用材极其考究。通常以黄金制成托座，镶嵌宝石。

宝石帽顶，皇帝不仅自己用，遇到高兴时或论功行赏时，他也会赏赐给亲信宠臣。

《南村辍耕录》卷十五记载了一件趣事："河南王卜怜吉歹为本省丞相时，一日行郊，天气且暄，王易凉帽，左右捧笠侍，风吹堕石上，击碎御赐玉顶，王笑曰：'是有数也。'谕令毋惧。噫！此其所以为丞相之量。"河南王卜怜吉歹在本省做丞相时，有一天走到郊外，天气炎热，他脱掉帽子换了一顶凉帽，左右侍者捧着换下来的帽子站在一旁侍候。这时，一阵风吹来，帽子吹落在石头上，咔嚓一声，镶嵌在帽顶的那块皇帝御赐的玉碎了。侍者吓得脸都白了，河南王笑着说："这都是有定数的。"叫左右不要害怕。唉！这就是他作为丞相的度量。

眼尖的朋友马上看出来了：你前面说的是宝石，但这个例子说的是玉哦。

元·孔雀花卉玉帽顶
作者摄于国家博物馆

对了。一个宝石帽顶，一个玉帽顶。在我国这样一个崇玉爱玉的国度，宝石和玉是两回事。

先说个插曲。

有一次我在国家博物馆中国古代玉器馆看宝物，整个上午，馆内几乎就我一个人，可谓大饱眼福。一个个朝代的玉器看过去，当看到元代玉器时，再也不能淡定了。元代玉器选材之好、雕刻技艺之神乎其神、意境之大气磅礴、题材之丰富多彩，都大大出乎我的意料。照片拍了一遍又一遍。回去马上发微信给梁慧："我想写元代玉器。"梁慧回道："从玉器来介绍元代，这个水平肯定是非常高的。对于中原来说，元代玉器虽说承前不多，但启后非常厉害。但是呢，要做系统介绍的话，我觉得我们在这方面不是很强，目前的知识体系还不足以支撑。"

好吧，既然技术总监这么说，我只得生生按下跃跃欲试的心。

上述例子中的卜怜吉歹，基本与元成宗同时代。元成宗是正宗蒙古族，为何赏同为蒙古族的大臣一个玉帽顶？玉是汉民族崇尚的宝贝，在元代，汉人地位不是最低吗？

这就要说到元代的开创者忽必烈的"汉化"问题了。

10. 忽必烈的"汉化"倾向

1251 年，忽必烈 36 岁。他大哥蒙哥登基成为蒙古帝国第四任大汗。蒙哥委派同胞弟弟忽必烈总领漠南汉地军国事宜。

因长期居留汉地，忽必烈帐下聚集了大批汉臣，如刘秉忠、许衡、姚枢、郝经、张文谦、窦默、赵璧等。仅可考的就有 60 多人，这就是历史上著名的"金莲川幕府"。

大凡 2020 年参观过故宫博物院举办的"丹宸永固：紫禁城建成六百年"展览的人，看到"刘秉忠"这个名字都会眼前一亮。对了，刘秉忠就是那个北京城的总设计者与主要建设者。其实，"金莲川幕府"里的人，哪一个不是响当当的能人！

尽管"金莲川幕府"的人员构成十分多元，但其中主要有影响力的还是汉族的儒生和士大夫，有人献给忽必烈"儒教大宗师"的称号，忽必烈丝毫没有犹豫就笑纳了。

但忽必烈的这些"亲汉"行为，深深得罪了蒙古的"草原本位主义者"。就连与他最亲的大哥蒙哥，几乎都对他起了杀心。

1259 年蒙哥去世时，忽必烈正在鄂州与宋军作战，他立即调转马头北上，与留在汗庭的弟弟即老七阿里不哥争夺帝位。忽必烈的退兵，在南宋戏剧性地成就了贾似道的"抗蒙大功"。

次年，忽必烈争夺帝位成功，登上汗位。在即位诏书中，他自称为"朕"，又效法中原王朝，使用年号"中统"（即上面提到的中统钞的名称由来），该年号弥漫着浓浓的汉人正统味。

而按照蒙古传统，大汗应该在漠北召开的忽里台大会上由蒙古贵族们推选而出，而不是自行称帝。这件大事，一方面说明忽必烈心知肚明，如果按正常规程，轮不到他称帝。另一方面也看出，蒙古贵族权势对"汉化"的忽必烈不服。

前面说过，因不服忽必烈，另外四大派系纷纷独立。成吉思汗建立的庞大的蒙古帝国，自此一分为五。有人说总是分不清成吉思汗与忽必烈，很好区分啊。一个是大蒙古帝国的首领，一个是五分之一蒙古帝国的首领。

这五分之一的蒙古帝国，就是我们的元代。

忽必烈称帝后第四年，即 1264 年，听取刘秉忠的建议，着手建设北京城，作为接下来的首都。这也意味着，大蒙古帝国一分为五后，忽必烈自知没有能力再将他们统一起来，索性回头管好自己的一亩三分地。

1271 年，忽必烈将国号由"大蒙古国"改为"大元"，取《易经》"大哉乾元"之意，将王朝正式纳入了中华王朝的序列。

有了这个背景，对元代尚玉就好理解了。估计忽必烈"金莲川幕府"里的人，大多是玉器爱好者。如此，也就好理解"渎山大玉海"了。

渎山大玉海，是一件镇国之宝，在元代享有很高的地位。它于至元二年（1265）制作。那时忽必烈虽已称帝，但元代还没有正式开始（要再过 5 年）。《元史》记载："己丑，渎山大玉海成，敕置广寒殿。"大玉海重达 3.5 吨，周身雕刻着波涛汹涌的大海，惊涛骇浪中有各种奇异的海兽出没，如海马、海猪、海鹿、海龙等，整个器型气势磅礴。忽必烈视它若珍宝，将它安置在宫殿之中。只有在庆祝重大喜事时，他才会邀请群臣共饮渎山大玉海中珍藏的好酒。

当然，忽必烈的"亲汉"行为是有分寸的。忽必烈一开始的"亲汉"固然有个人偏好和眼界的因素，但其间未必没有他挟汉地的人力物力自重，进而争夺蒙古大汗的政治考量。一旦坐稳帝位，汉地对忽必烈的政治价值也就相对降低了。

忽必烈雄才大略，穷兵黩武，一生过的都是花钱如流水的日子。说到底，理财是忽必烈和蒙元朝廷的刚需。所以一旦忽必烈收拢人心的必要阶段过去，善于理财的色目人就成了忽必烈心目中的红人。色目人，是元代对来自中亚、西亚和欧洲的各民族的统称。终究，忽必烈一直都是个"内蒙外汉"的蒙古人，他最在乎的是蒙古大汗，而不是中原王朝皇帝。

　　虽然元代皇帝画像上，帽顶都是宝石帽顶。但要说在元代，宝石帽顶、玉帽顶究竟哪个更珍贵？不同时期情况有所不同吧。

　　既然讲到这个份上，就有必要看看玉帽顶。

11. 独特的玉帽顶

　　玉帽顶是所有玉器中，你一眼就能分辨的种类。

　　为何？实在是太特别了。它采用浮雕、透雕、圆雕、镂空相结合，圆圆的一小坨，却神乎其技，风格密实紧凑，刚劲俊伟，沉稳浑朴，其间蕴含着一种力量，让人过目不忘。

　　植物的花、叶、茎，或翻或卷，栩栩如生。动物或卧、或立、或抬头、或奔跑，神情毕具。不管植物还是动物，都像活的一样。

元·鹭鸶荷莲帽顶
作者摄于国家博物馆

其多景深的立体感能立体到何种程度？不仅仅是三维立体，多的能达六层甚至更多，且里外兼顾，丝毫不乱。

　　玉帽顶的常见主题有三类：

　　一是莲鹭图。

　　元代玉帽顶中，最常见的题材为莲鹭纹。为什么？

鹭，指白鹭。又称白鸟。有着修长的脖颈和双腿、飘逸的羽冠，是一种很高洁的禽鸟。

鹭成为元代最常见的题材，除了其形态之美，最重要的还在于其颜色：白色。

蒙古族有白色崇拜之俗。

陶宗仪在《南村辍耕录》中明确记载："（元）国俗尚白，以白为吉。"你看成吉思汗画像，帽子是白色的，

元·元太祖成吉思汗画像
作者摄于国家博物馆

衣服也是白色的。元代大臣正旦朝贺时，穿的正装都是白色的。还有，蒙古族的图腾是白鹿，蒙古包也是白色的，等等。

有一年冬天，我去吉林长春。正好一场大雪过后，从飞机上看下来，大地一片纯白，金色的阳光斜斜照射下来，给白色的大地镀上一层金色，非"壮丽"不能形容。瞬间明白，对某些民族来说，白色是故乡，是祖根，是我族。

白鹭，因其羽毛洁白，成为蒙古族偏爱的鸟。

莲鹭纹，是指由白鹭、莲叶、莲花、苇叶、水草等组成的图案。顶部为翻卷的莲叶，中部莲花与水草穿插交织，花草之中的白鹭神态各异，或昂首正视，或回首顾望，或作俯首觅食状，煞是动人。

这组图案除了动人，有没有寓意呢？必定有的。

白鹭在成群飞翔时，有序不乱，有一种高洁、有序、吉祥、引发美好想象的寓意。

"鹭"与"路"谐音,"白鹭 + 莲花 + 荷叶"组合,表示"一路连科",指考试连连取得好成绩,也延伸为一路官运亨通;"白鹭 + 芙蓉"组合,表示"一路荣华";"白鹭 + 牡丹"组合,表示"一路富贵";"两只白鹭 + 莲花"组合,表示"路路清廉",用以祝颂为官清正廉明,等等。

不愧是蒙汉文化结合的范例!

有意思的是,到了元文宗时期,莲鹭纹引发出一种更为有名的图案,即"满池娇"。

满池娇是元代著名的纹样,其题材为池塘小景,包括莲荷、水上植物以及鸳鸯、翠鸟等。该纹样因何而来呢?元代书画家柯九思有说明:"天历间,御衣多为池塘小景,名曰'满池娇'。"天历(1328—1330)是元文宗的年号,御衣即为元文宗的衣服。

前面说过,元文宗是位文人皇帝,书画造诣很高。满池娇描绘荷塘小景,表现了自然界的生机盎然、祥和安宁。或许正是这个小调,平复了马背民族的暴烈之性。

柯九思《宫词十五首(其十二)》云:"观莲太液泛兰桡,翡翠鸳鸯戏碧苕。说与小娃牢记取,御衫绣作满池娇。"绣女你要记牢啊,咱皇上最喜欢的图样就是"满池娇"。

中国丝绸博物馆有一幅辽代的《刺绣莲塘双雁》,早于元代有了那么一点"满池娇"的意思。

二是春水、秋山图。

北方游牧民族,渔、猎是生活最主要的来源。春天是渔,秋天为猎。游牧民族居无定所,一年之中依牧草生长及水源供给情况而迁居。帝王所迁之地设有行营,谓之捺钵。

辽·刺绣莲塘双雁
作者摄于中国丝绸博物馆

　　春天猎天鹅，肯定在春水边。猎人放出自己豢养的海东青，海东青盘旋在空中，寻找可以出击的目标。天鹅则藏在一片茂密的水草中。一旦海东青发现目标，疾飞如电，勇猛非凡，双爪按住天鹅头，就去啄天鹅的脑袋。天鹅惊恐长鸣，生死打斗场面异常激烈。

　　表现海东青捕捉天鹅场景的玉，叫"春水玉"。多美的名字。不过，以我个人喜好来说，更喜欢"秋山玉"。

元·鹘（海东青）啄鹅带环
作者摄于国家博物馆

金元·山石卧虎摆件
作者摄于国家博物馆

到了秋天，要进山林猎鹿。猎人吹起号角，模仿鹿的叫声，称为"呼鹿"，让鹿以为这里有自己的同伴，丧失了警惕。等鹿靠近后，他们就可以缩小包围圈，把鹿杀死。

秋山玉往往巧用鲜艳红皮刻画树叶，表现出深秋层林尽染的景象。鹿于树林中，站立回首，神情警觉。其周围再镂雕一些花草山石及灵芝等花纹，既灵动又美丽。与春水玉惊心动魄的气氛相比，秋山玉的场面要恬静很多。

春水玉、秋山玉，本是流行于辽金时期的名称。元的统治者同属游牧民族，承袭前朝旧俗，也爱在玉器上表现春水、秋山。不过，元代进一步将春水玉演化为鹰击天鹅、芦雁荷藕图，将秋山玉演变为福鹿图，大大拓宽了题材的运用。

金元·双鹿纹玉饰
作者摄于国家博物馆

到元代中后期，随着蒙汉文化的融合，玉帽顶的题材变得更为丰富多彩，如蟠螭纹、立凤纹、龙纹、人物纹、孔雀纹、灵芝纹、如意纹等。

12. 元代高超的治玉技术

要说元代玉帽顶如此受后人追捧，不得不赞一赞其工艺。

元代是我国历史上极少见的重视工艺的朝代。二十四史中仅仅《元史》有《工艺列传》。其他朝代没有。其他朝代怎么可能有呢？士、农、工、商，工匠的位置只是第三等。

但成吉思汗不同。他认为工匠的地位既优于士农，也优于商贾。成吉思汗西征时，每攻陷一座城镇，往往要屠城，"惟工匠得免"，留下来使用。所以，中亚、西亚等地的能工巧匠全留了下来，祖传手艺也全流传了下来。

据《元经世大典》记载，当时官营的手工业共22个门类，包括土木、兵器、金工、玉工、纺织、皮毛、瓷器等，且实行终身制和世袭制。即从小学艺，终身不辍。匠技匠艺，代代相传。

就拿玉匠来说，忽必烈时代全国有两大治玉中心，分别在北京与杭州，一为现首都，一为前朝首都。在北京设立的叫"金玉局"，在杭州设立的叫"金玉总管府"。均为官办，专门向皇室提供宫廷用玉。估计御赐给河南王卜怜吉歹那个玉帽顶，就出自这两个官方机构。

试想，来自中亚、西亚、中原等地的玉匠们，灵感彼此激发，技艺相互融合，你追我赶的气氛，岂是其他朝代可比？

有人要说了，若论制作其他工艺品，你这话还可信。要论治玉，那还不是中原工匠一枝独秀！

非也。

新疆和田玉，至少 8 世纪开始就已被中亚、西亚居民所知悉。10 世纪开始，新疆美玉之名更频繁地见于西域文献。隋代著名胡商何稠，其父何通便以治玉擅名。

隋代即有高等级的西域治玉大师，再经唐、辽、金等朝代，累世相传的治玉技艺，到了元代迎来更好的发展机遇，发扬光大。

为何元代玉器价格一直居高不下？为何元代玉器，在时隔 700 年之后，还会在国家博物馆历代玉器中冲入我的眼帘，感动我心？就因为其设计的气势磅礴、造型的别具一格、工艺的美轮美奂。那种似熟悉又新鲜的感觉，吸引你一遍遍回头细究。越是细究，越是折服、赞叹。

四、元代帽子的看点还有许多

13. 宝石帽顶是否蒙古贵族的专有？

讲回元代帽顶。

帽顶不仅从皇帝传到王公贵戚，更从王公贵戚传到了市井小民。

《南村辍耕录》卷二十三讲了一个人使唤猴子偷东西的故事。说某旅馆有个客人，身穿刺绣衣服，头戴"琢玉帽顶"，打扮得很光鲜，后来发现是个江湖大盗。

还有两本书也挺有意思。元末明初，有两种以当时首都北京腔为标准音编写的专供朝鲜人学汉语的课本，叫《朴通事》（相当于现在的学汉语全攻略）和《老乞大》。当中也有写到帽顶的。如：

（1）一人头上戴着"江西十分上等真结综帽儿，缀着上等玲珑羊脂玉顶儿，又是个鹚鹈翎儿"。

（2）一个头上戴"八瓣儿铺翠真言字妆金大帽，上指头来大紫鸦忽顶儿，傍边插孔雀翎儿"。鸦忽指宝石，大紫鸦忽很可能是紫水晶。

（3）高丽商人购买贩回的货物中亦有"桃尖棕帽儿一百个，琥珀顶子一百副"。

（4）有个公子一年四季换戴的帽顶有西番莲金顶子、羊脂玉顶子、金顶子、琥珀顶子等。

14. 元代帽缨的材质

有一顶大名鼎鼎的元代帽子，上面有一串珠子，大家深为奇异。我初次看到，亦十分不解。

这是元代漳县汪世显家族墓出土的"镶宝石笠帽"。图片介绍说，帽顶镶玉裹金，由帽顶垂系以31颗珠玉组成的串链，是蒙古族官帽。

蒙古官帽不假，但帽顶垂31颗珠玉？这也顶不起来啊。

后来查了很多资料，终于明白过来：珠玉串放错位置了。这

元·镶宝石笠帽（汪世显家族墓出土）
甘肃省博物馆藏

元·元仁宗画像
台北故宫博物院藏

一串应该在帽子下面，是帽子的系带。

看，元仁宗下巴也有这样一串。从画像估算，珠子也有 30 多颗。与汪世显家族墓出土的那串差不多。

这条系带，有个专有名词，叫帽缨。

《说文解字》云："缨，冠系也。"

《释名》："缨，颈也，自上而系于颈也。"古人将冠下的系带称为"缨"。

帽缨起初是有实用意义的，帽子系带，防止帽子跌落或被风刮走。但后来，主要起装饰作用，虚悬于下，标识帽主之地位。

元文宗画像上，帽缨为一串深色枣核形珠，间隔红珊瑚或红玛瑙圆珠。枣核形珠起棱，棱上嵌金丝。非常考究。

说起枣核形珠，马上想起一种极其珍贵的多棱珠。

图片上这种珠子，是很不容易收集的古珠类型。西亚的工艺，距今 1800 年左右。特别在哪里呢？

高古玛瑙枣核形珠 收集自西亚
作者自藏

（1）棱是弧形的，棱线随珠子形状起伏。

（2）棱线与棱线之间，不是平面，而是凹下去，有进一步的打磨。

此工艺让这类珠子尽显优雅，完全不同于其他珠子。要在玛瑙、水晶这样硬的材质上刻出棱面（玛瑙水晶硬度为7，不锈钢仅5.5），尤其在珠子这小小体积上，本就不易。要体现一种柔美，像珠子被微风吹出一个柔软的体型，一个匠人需有"力透玉背"的功力，才能做到。十几年来，我们收集到的此类珠子，不足百粒。

所以说，玩收藏，玩到后来玩的都是见识。玩出来，即见识高远。所谓"高"，即见识了每个文明的最精华部分，是文明顶端形成的审美情趣、生活方式以及与之相应的工艺技术。所谓"远"，即见识了历史上的各朝各代，地理上的五湖四海。

仔细看了一下，元武宗、元仁宗、元文宗、元宁宗的画像，他们的帽缨珠子竟都是枣核形珠。想起元代超越的工艺，也就不难理解了。

元·元武宗、元仁宗、元文宗、元宁宗画像
台北故宫博物院藏

若进一步问：深棕色枣核形珠到底是什么材质？

有可能是沉香一类香料珠子，也有可能是乌木一类木料珠子。同时代汪世显家族墓出土一串珠串，以16枚雕核花面枣核形珠与14枚白色料珠相串而成。那枣核形珠的材质便是乌木。

但考虑到元帝国香料充盛，我们偏向认为其材质为迦南香。迦南香，我们现在叫棋楠，指沉香中油脂特别丰富、香气出神入化那部分。

明代有个例证：永乐二十二年（1424）八月，即位不久的明仁宗（朱高炽，即那位胖胖的皇帝）将先帝（朱棣）部分冠服遗物赠给弟弟汉王朱高煦，内有黑毡直檐帽一顶，上配"金钑花帽顶"和"茄蓝间珊瑚金枣花帽珠"一串。从名称推测，帽缨应为茄蓝（伽南香，即棋楠）制成，枣核形，用金丝镶嵌，然后以红珊瑚制成的小珠间隔，和上面元武宗、元仁宗、元文宗、元宁宗画像上的帽缨样式相同。

至于迦南香嵌金工艺，一直到清代还是盛行不衰。

有人认为该嵌金丝的枣核形珠很可能为文献记载的"黄牙忽"，错也。牙忽，又翻译为"鸦忽"，指的是宝石。黄牙忽，

清·迦南香嵌金手镯
作者摄于故宫博物院

显然是黄色宝石。

《元典章·刑部》记载，公元 1312 年（元仁宗皇庆元年），大元国潭州路治下发生了一起抢劫案。一个叫唐周卿的人伙同贾国贤，合谋强抢了蔡国祥一顶棕帽，上有红玛瑙珠一串，两名罪犯因此获刑刺字。由此看，棕帽上有红玛瑙珠一串，也还是蛮值钱的。

《老乞大》说到各式见闻，不得了。仅帽缨就有：烧珠儿五百串（琉璃珠）、玛瑙珠儿一百串、琥珀珠儿一百串、玉珠儿一百串、香串珠儿一百串、水精珠儿一百串、珊瑚珠儿一百串……

你看，香串珠儿一百串，显然迦南香也是一大门类。

15. 令人血脉偾张的质孙宴

好，梳理完这些，我们可以来看场面盛大的"质孙宴"了。

"质孙宴"的名称，来自"质孙服"。"质孙"是蒙古语"颜色"的音译。质孙服是蒙元时期非常重要的宫廷礼仪服饰，相当于现在出席公务活动的正装。

质孙服原为戎服，上衣连下裳，在腰部有很多衣褶，较紧、窄、短，便于上马下马和骑射。蒙古帝国由于版图的扩展，欧、亚两大洲的金银财宝、绫罗绸缎源源不断输入蒙古地区，"日常服饰都镶以宝石，刺以金镂"，大规模的聚会也多了起来。为了展示蒙古的胜利和威武，成吉思汗时期就开始定制统一的服饰，要以整齐划一的面貌来衬托蒙古武士的高大。

史料最早明确记载质孙宴的，是 1229 年窝阔台（成吉思汗的继任者）即汗位时的盛装宴乐。著有《世界征服者史》的波斯历史学家志费尼在叙述这次宴会时写道："一连四十天，他们每天都换上不同颜色的新装，边痛饮，边商讨国事。"

忽必烈即汗位后，每年都要在上都城的棕毛殿举行大规模的质孙宴。质孙宴一般于每年阴历六月的良辰吉日举行。出席宴会的人都要身穿由皇帝颁赐、工匠专制的特定的质孙服。勋戚、大臣、近侍、乐工等，都有特定的质孙服。冬装夏装有所不同，精粗程度各有不同，但均为大汗所赐。每日穿一种颜色，一日一换，所有人穿的颜色一致。

天子的质孙服，冬装有十一种，夏装有十五种；百官的质孙服，冬有九种，夏有十四种。帽顶、帽缨都是质孙服不可缺少的部件，甚至是最重要的部件。

来看天子的质孙服是怎么配套的呢？

冬装：

（1）服纳石失（织金锦）、金锦也。怯锦里，剪茸也。则冠金锦暖帽。

（2）服大红、桃红、紫蓝、绿宝里，服之有阑者也。则冠七宝重顶冠。

（3）服红黄粉皮，则冠红金答子暖帽。

（4）服白粉皮，则冠白金答子暖帽。

（5）服银鼠，则冠银鼠暖帽。

……

夏装：

（1）服答纳都纳石失，缀大珠于金锦。则冠宝顶金凤钹笠。

（2）服速不都纳石失，缀小珠于金锦。则冠珠子卷云冠。服纳石失，则帽亦如之。

（3）服大红珠宝里红毛子答纳，则冠绿边钹笠。

（4）服白毛子金丝宝里，则冠白藤宝贝帽。服驼褐毛子，则帽亦如之。

（5）服大红、绿、蓝、银褐、枣褐、金绣龙五色罗，则冠金凤顶笠，各随其服之色。

（6）服金龙青罗，则冠金凤顶漆纱冠。服珠子褐七宝珠龙答子，则冠黄牙忽宝贝珠子带后檐帽。

（7）服青速夫金丝阑子，则冠七宝漆纱带后檐帽。

……

不一一解释了，总之，元代天子之冠，帽顶满眼都是金子与宝石，每一种都要与袍子相配套。

质孙宴，出席者皆着珠翠金宝的衣冠腰带，马匹也有妆饰。清晨自城外各持采仗，列队驰入皇城大内，继而大摆筵宴。宴会时，按贵贱亲疏的次序各就其位，皇帝盛装亲临。礼宾官献赞美词，自天子至亲王，举酒将爵。

质孙宴耗资巨大，往往一次用羊几千只，用酒更不用说。除美酒肥羊外，还要上蒙古宫廷名肴之八珍：元玉浆（马奶）、紫驼蹄（驼掌）、麋鹿脯、鲟肉、熊掌、飞龙汤、白蘑、黄羊腿等。真可谓："酮官庭前列千斛，万瓮蒲萄凝紫玉。驼峰熊掌翠釜珍，碧实冰盘行陆续。"

席间，宫中乐队奏大乐、陈百戏，摔跤手运用技巧和力量角斗，杰出的摔跤手会得到优厚的奖赏。"黄须年少羽林郎，宫锦缠腰角抵装。得隽每蒙天一笑，归来驺从亦辉光。"赛跑，即如今的越野赛或马拉松赛。当时叫贵由赤，即快行也，主要比试脚力。赛程通常为180~200里，规定在六小时内跑完。优胜者会获得赏赐。第一名赏银一锭，第二名赏缎子四表里，第三名赏缎子二表里，其余各奖缎子一表里。宴会时必有歌舞助兴，表演者多为宫中女乐。舞女轻歌曼舞，"红帘高卷香风起，十六天魔舞袖长"。而每当酒酣兴浓时，诸王百官也要载歌载舞，"诸王舞蹈千官贺，高捧蒲萄寿两宫"。

如此君臣狂饮狂吃三日，醉舞狂歌，人生几何。

16. 皇室审美的延续

蒙元政权灭亡后，其衣冠服饰并没有消失。其帽顶、帽缨，不但深刻影响着明清两代，还辐射到域外的高丽、朝鲜。以至于我们现在看韩国古装剧，经常看到男主角戴一顶乌纱大笠帽，胸前垂挂着珠子做的长长帽缨。

灭了元的明代开国皇帝朱元璋，以节俭闻名。但《明太祖高皇帝实录》中有记录如下："职官一品二品……帽顶、帽珠用玉；三品至五品……帽顶用金，帽珠除玉外随所用；六品至九品……帽顶用银，帽珠用玛瑙、水晶、香木；庶民……帽不用顶，帽珠许用水晶、香木。"

他的子子孙孙都极爱帽顶。试举几例：

（1）朱元璋第二代、儿子鲁荒王朱檀：鲁荒王墓出土了一条明初帽珠实物，据发掘报告描述，帽珠系果核（存疑，应为棋楠一类香料）及红色珊瑚珠各 12 颗相间串成，核珠为六棱形，长 2 厘米，对角直径 1.7 厘米，棱脊上各附一条双股拧成的金线。鲁荒王墓有三顶直檐式"笠帽"，这串帽珠原本应缀在其中一顶上，后因穿绳朽坏而脱落。根据描述，这串帽缨与元武宗、元仁宗、元宁宗、元文宗画像上的帽缨如出一辙。

（2）朱元璋第三代、孙子朱高炽：前面举过例子，永乐二十二年（1424）八月，即位不久的明仁宗朱高炽将先帝（朱棣）部分冠服遗物赠给弟弟汉王朱高煦，内有黑毡直檐帽一顶，上配"金钑花帽顶"和"茄蓝间珊瑚金枣花帽珠"一串。

（3）朱元璋第四代、重孙梁庄王：要说帽顶，目前为止要数梁庄王的最为有名。梁庄王墓共出土 6 件帽顶，均为金镶玉或宝石工艺。这个我们在下一章将展开说。

一直到明代的第八个皇帝明宪宗朱见深，还是不舍得放弃这种帽子。2020 年深秋，我去国家博物馆，同时看到与朱见深有关的两幅画，分别是：《宪宗调禽图》和《明宪宗元宵行乐图》。画中明宪宗头戴夵檐帽，帽檐外夵如钹笠并饰珍珠，帽顶则缀一顶座，上饰宝石。

明·宪宗调禽图
作者摄于国家博物馆

明·明宪宗元宵行乐图（局部）
作者摄于国家博物馆

明代中后期，先是帽缨退出历史舞台。胡濙等官员认为这些沿自前代的冠服元素都属于"胡制"，希望朝廷严令禁止，该建议获得明英宗（明宪宗之父）的批准。到底是不是这个原因呢？其实，当时宫里的珠宝消耗得差不多了，财政开始吃紧。所以不是不喜欢了，而是用不起了。

帽缨的退出是个信号。渐渐地，帽顶也开始淡出人们的视野。帝王贵胄不戴了，举人、监生等都戴大帽，但并不装帽顶，以至于后来大家不认识这种东西了。

有趣的是，有种帽顶竟然改头换面，依然在明中后期出现，并且备受明人珍爱。啥？不说你也能猜到：玉帽顶。

怎么个改头换面法？变成炉顶了。

元代至明初的玉帽顶大小适中、碾琢精细，具有很强的装饰性，用作鼎炉盖纽的确非常合适。晚明沈德符《万历野获编》对此有详细记录："近又珍玉帽顶，其大有至三寸、高有至四寸者，价比三十年前加十倍，以其可作鼎彝盖上嵌饰也。问之，皆曰：'此宋制。'又有云：'宋人尚未辨此，必唐物也。'竟不晓此乃故元时物。"也许并不是不晓得，商人为了抬高价格将年代往前说亦未可知。

作者显然是明白的。他又说："元时除朝会后，王公贵人俱戴大帽，视其顶之花样为等威。尝见有九龙而一龙正面者，则元主所自御也。当时俱西域国手所作，至贵者值数千金。"你看，元代皇帝的帽顶刻有九条龙，西域工匠做的。

再晚一点，知道的人就更少了。文震亨《长物志》卷七"香炉"中写道："炉顶以宋玉帽顶及角端、海兽诸样，随炉大小

明·玉帽顶香炉盖钮
台北故宫博物院藏

明·玉帽顶盖钮
作者摄于国家博物馆

配之，玛瑙、水晶之属，旧者亦可用。"连文震亨这样有见识的，也说玉帽顶系宋人之物了。

到了清代，或许又是马背民族掌权之故，帽顶一个咸鱼翻身，大红特红起来。帽顶的使用进入全盛时期，上至帝王，下至官、生、耆老，不论是朝会大礼还是日常办公，都必须在官帽上配个帽顶。

为了规范帽顶的佩戴，清朝还制定了一套完整的帽顶制度，对帽顶的款式、用材、颜色、尺寸进行了严格规定，使帽顶成为区别清代官员品级尊卑的最重要饰品，以致当时帽顶的影响远远超过了官帽本身。所谓"顶戴"是也。

《清史稿·舆服志》开列文官冠顶如次：

一品，朝冠顶镂花金座，中饰东珠一，上衔红宝石。

二品，朝冠顶镂花金座，中饰小红宝石一，上衔镂花珊瑚。吉服冠顶亦用镂花珊瑚；

三品，朝冠顶镂花金座，中饰小红宝石一，上衔蓝宝石。吉服冠顶亦用蓝宝石；

四品，朝冠顶镂花金座，中饰蓝宝石一，上衔青金石。吉服冠顶亦用青金石；

五品，朝冠顶镂花金座，中饰小蓝宝石一，上衔水晶石。吉服冠顶亦用水晶；

六品，朝冠顶镂花金座，中饰小蓝宝石一，上衔砗磲。吉服冠顶亦用砗磲；

七品，朝冠顶镂花金座，中饰小水晶一，上衔素金。吉服冠顶亦用素金；

八品，朝冠镂花阴文，金顶无饰。吉服冠同；

九品，朝冠镂花阳文，金顶。吉服冠同。

同时，炉盖镶玉顶的做法到清代依然盛行。清宫旧藏的大量鼎簋香炉上都配有镶嵌玉顶的木盖。当然，这些玉顶既有元明两代遗物，也有相当一部分是后世的仿制之作。

清·金累丝龙纹嵌珍珠宝石帽顶
作者摄于故宫博物院

清·银嵌珊瑚松石冠顶
台北故宫博物院藏

大明皇室的传家宝

明朝是中国历史上由汉族建立的大一统中原王朝，共传 12
世，历经 16 帝，享国 276 年。

由汉族建立的中原王朝，传家宝是什么？

恐怕大多数人会答：玉。

汉民族很有意思，凡是形容好的东西，都以玉来比方。比如：
表示尊敬，用玉体、玉颜；表示赞美，用玉文、玉札、玉声；表
示珍贵，用玉编、玉苗；表示美好，用玉女、玉蕴辉山；表示洁
白，用玉魄、玉屑、玉珥、玉羽；等等。

明朝皇室的传家宝究竟是不是玉器呢？非也！

乃珠宝。

有人马上嗤之以鼻，不可能。明朝时，并未听说中原大地哪
里发现珠宝了。哪来的珠宝？皇室成员又为何会爱上珠宝？

一、皇帝们的腰带上是何宝物？

不急。先来看三位皇帝的腰带。

明成祖朱棣画像
故宫博物院藏

明宣宗朱瞻基画像
台北故宫博物院藏

明英宗朱祁镇画像
台北故宫博物院藏

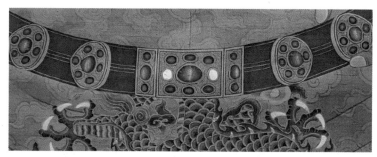

明英宗朱祁镇画像（腰带局部）
台北故宫博物院藏

　　三人的腰带，带由皮革制成，外包红色织物。带上镶嵌带
銙共 20 枚，分为三台（大小共 3 枚）、圆桃（6 枚）、辅弼（2 枚）、
挞尾（2 枚）、排方（7 枚）。整条革带的开口则在正前方三台处，
以金属插销作为开合机关。

　　此类革带，一般叫"玉带"，因为带上镶嵌的带銙是玉块。
但上面三帝的带銙显然不是玉块，非玉带。

　　明成祖朱棣乃一代雄主。虽说皇位是从侄儿手中抢来的，但
他执政后，日理万机，励精图治。对内编纂《永乐大典》，文化
兴国。对外五次率军亲征蒙古，开疆拓土。并多次派郑和下西洋，
彰显大国气度。可谓奠定了明朝的基业。

　　平时我们说的"祖宗"两字，正儿八经用到皇帝庙号上时，
不能乱用。一般情况下，只有开国皇帝的庙号才能称"祖"，如
汉高祖刘邦、唐高祖李渊、宋太祖赵匡胤、明太祖朱元璋等，此
后序列里的皇帝都是"宗"。但明朝皇帝中有两位皇帝称"祖"，
一位是开国皇帝朱元璋，另一位就是朱棣。

　　朱棣被称为"明成祖"，这里面固然有嘉靖皇帝的私心，但

也足见朱棣对明朝贡献之大。

朱棣的长孙是明宣宗朱瞻基。这个孙子对他的影响极大。朱瞻基出生时，朱棣还是燕王。有一天他梦见父亲朱元璋将一个大圭赐给他，并对他说："传世之孙，永世其昌。"大圭象征着权力，朱棣正疑惑时，有人来报说生了个孙子。他赶紧去看，但见孙子一团英气，长得非常像自己，便认定这是梦的印证。据说此事促使朱棣下决心发动靖难之变，以夺取皇帝之位。

朱棣对这个皇孙的喜爱众所周知。远征漠北，朱棣总是将朱瞻基带在身边。平时派最好的老师教导他，甚至亲自为他选妃。很多人认为，朱棣不喜欢他的长子，但因为喜欢这个皇孙之故，才将皇位传给长子。

果然，明仁宗接班才7个多月就一命呜呼，政权过渡到朱瞻基（明宣宗）手里。朱瞻基不负众望，把明朝推向了太平盛世，他和其父明仁宗统治的十一年期间，国家出现盛世的局面，被史家称为"仁宣之治"。

让人意外的是，明宣宗在38岁那年，竟然英年早逝。9岁的太子朱祁镇继位，是为明英宗。

明英宗养在深宫，从小娇生惯养，年少气盛，二十出头时恰遇北方瓦剌来犯，他兴致勃勃要玩御驾亲征。不料，不但打了败仗，而且他自己也成了俘虏，史称"土木堡之变"。这是年轻皇帝万万没想到的。而后方朝廷，国不可一日无君，几方势力日夜倾轧下，最终另立他弟弟为皇帝，是为明代宗。

次年，俘虏皇帝被放回后，当朝皇帝（他弟弟）将他幽禁起来。7年后，夺门之变爆发，皇位被明英宗重新夺回。兄弟俩这一来一回，明朝皇权争斗愈发激烈，朝臣为了保护自身利益，左右摇摆、嫁祸诬陷，斗争也更加残酷。朱棣拼命打下的基业，到了曾孙手里开始走下坡路。

二、梁庄王到底有多少宝藏？

三位皇帝"正装照"上的腰带，仔细看，都是镶满宝石的。这足以证明宝石在明朝皇室中的地位。

如果说画像上的宝石不够清晰，或者说，你怎么能证明那一颗颗的就是宝石？

好吧，有实物为证。

先推出个人：明梁庄王朱瞻垍。

1. 梁庄王何许人？

梁庄王是谁呢？他是明成祖朱棣的孙子，明仁宗的第九个儿子，明宣宗的八弟，也即明英宗的八叔。

梁庄王朱瞻垍出生于1411年，也即明成祖朱棣永乐九年。这一年，郑和第三次下西洋回来。1424年，朱瞻垍14岁时，他爷爷朱棣离世，他爸爸朱高炽即位，改元洪熙，是为仁宗。明仁宗册封第九个儿子朱瞻垍为梁王，封国在当时的湖广安陆州（即今湖北钟祥市）。

实际上，梁王一直到1429年，即他19岁时，才到封国正式就任。这一年，他父亲明仁宗已去世四年，他哥哥明宣宗当皇帝也已四年。也就在这一年，意大利美第奇家族的创始人乔凡尼·迪比奇·德·美第奇去世，第二代美第奇家族领导人登上舞台，欧洲文艺复兴将走向新的高潮。

可惜的是，梁王朱瞻垍只活到 30 岁就病逝了，因没有儿子，梁国被除。梁王去世后，谥号庄王，这才有了"梁庄王"。梁庄王葬于其封地内的瑜坪山，即现在的湖北省钟祥市长滩镇大洪村的一座名叫"龙山坡"的小山上。

梁庄王病逝时是 1441 年，当时的皇帝已是他侄儿明英宗朱祁镇，即御驾亲征成俘虏的那位。

所以说，梁庄王的一生贯穿了前面说的三位皇帝，即：爷爷明成祖朱棣、父亲明仁宗朱高炽、大哥明宣宗朱瞻基。以他的实物为三位皇帝"正装照"腰带上的宝石代言，足以说明问题。

2. 梁庄王为何拥有如此多宝藏？

梁庄王的墓被盗墓分子盯上，先后三次遭炸盗未遂。2001年 4 月 10 日至 5 月 2 日，由湖北省文物考古研究所领队，钟祥市博物馆具体组织，荆门等地考古人员参加，共同对梁庄王墓进行了抢救性发掘。

梁庄王墓是梁庄王与魏妃的合葬墓。墓葬规模并不比其他的明代亲王大，但墓内随葬品之丰富，在已发掘的明亲王墓中可谓首屈一指，是目前所发现的明代亲王墓中等级最高、陪葬品最多、价值最高的一座。

　　梁庄王墓出土了大量精美文物，玉器、瓷器、金银器等物品共 5300 多件。很多金银器上镶嵌了红宝石、蓝宝石、猫眼石等珍贵的宝石。其中有一颗橄榄形无色蓝宝石重达 200 克拉，极为罕见。墓里出土文物仅从其用量而言，用金超过 16 公斤（成色 65%~97%）、用银超过 13 公斤（成色 83%~99.99%）、用玉超过 14 公斤，各种宝石 700 多颗。

　　梁庄王在历史上并不是什么名人。《明史·卷一百一十九·列传第七》记载："梁庄王瞻垍，仁宗第九子。永乐二十二年封。宣德初，诏郑、越、襄、荆、淮五王岁给钞五万贯，惟梁倍之。四年就藩安陆，故郢邸也。襄王瞻墡自长沙徙襄阳，道安陆，与瞻垍留连不忍去。濒别，瞻垍恸曰：'兄弟不复更相见，奈何！'左右皆泣下。正统元年言府卑湿，乞更爽垲地。帝诏郢中岁歉，俟有秋理之。竟不果。六年薨。无子，封除。梁故得郢田宅园湖，后皆赐襄王。及睿宗封安陆，尽得郢、梁邸田，供二王祠祀。"

　　翻译过来，是说：梁庄王朱瞻垍，明仁宗的第九个儿子。永乐二十二年（1424）明仁宗继位时封为梁王。他大哥宣德皇帝继位初，诏郑王、越王、襄王、荆王、淮王五位亲王，给钱五万贯。唯有梁王多一倍。四年后，梁王去封地安陆任职。其时，襄王朱瞻墡（他五哥，明仁宗第五子）从长沙转去新封地襄阳，经过安陆，兄弟俩见了面，流连不忍分别。梁王哀恸道："这一别，兄弟不知还能不能见上面。怎么办啊！"在场的人都流下了眼泪。待他侄儿明英宗继位时，梁王上书说他的府邸地势低下，湿气重，望能批准他迁徙到地势高爽的地方。明英宗答复道：今年你那边（荆州）歉收，年成不好，等丰年再说。结果这事一直没弄成。六年后（1441），梁王去世。因无子，封国被除。梁王身前的田宅园湖，后来全部赏赐给了襄王朱瞻墡（即前面说的他五哥）。再后来，明英宗的孙子朱祐樘（嘉靖帝的父亲）于弘治七年（1494）就藩安陆（今钟祥市），尽得郢（郢靖王，明太祖朱元璋的二十四子朱栋。即梁王朱瞻垍之前在这片土地的藩王）、梁邸田，供二王祠祀。

　　这是从国家层面对梁王的描述，如要想聚焦到梁王本身，就要看梁庄王墓出土的《梁庄王墓》墓志。

　　《梁庄王圹志》长 73 厘米，宽 72.7 厘米，厚 20.8 厘米，志石刻文十五行共 188 个字，曰："梁庄王讳瞻垍，仁宗昭皇帝第九子。母恭肃贵妃郭氏，生于永乐九年六月十七日。二十二年十月十一日册封为梁王，宣德四年八月之国湖广之安陆州。正统六年正月十二日以疾薨。讣闻，上哀悼之，辍视朝三日，命有司致祭，营葬如制，谥曰'庄'。妃纪氏，安庆卫指挥詹之女。继妃魏氏，南城兵马指挥亨之女。女二人。王以是年八月二十六日葬封内瑜坪山之原。呜呼！工赋性明远，资度英伟，好学乐善，孝友谦恭，宜臻高寿，以享荣贵。甫壮而逝，岂非命耶？爰述其既，纳之幽圹，用垂永久云。"

　　前面那些信息我们已经知道了。这里补充的是其家庭信息：梁王王妃纪氏，是安庆卫指挥纪詹的女儿。纪氏去世后，续娶南城兵马指挥魏亨之女魏氏为继妃。两位王妃均未生子。只有宫女张氏（后封夫人）生了两个女儿。梁王病逝，于当年八月二十六日葬于封内瑜坪山（今长滩镇龙山坡）。呜呼！梁王生性清朗旷远，姿容英伟，好学乐善，孝顺谦恭，正应该高寿以享荣华富贵。

不想壮年而逝，难道这就是命数？这里概述其生平作为墓志，以垂永久。

另外从合葬的魏氏《梁庄王妃圹志文》可了解到，继妃魏氏与梁王共同生活了7年。梁王30岁病逝时，魏氏28岁。魏氏"欲随王逝"，想殉葬，但明英宗下诏，不准魏氏殉葬，而是要她主持梁王府事务，把梁王的两个女儿抚养长大。10年后，梁王的小女儿刚刚出嫁，她就病倒，不久后去世，如愿与梁王合葬。

从墓志及《明史》等的记载看，梁庄王短短30年的生命中，既无显赫战功，也无骄人政绩，死后还因无子除封，实在是一位很普通的亲王。有人说皇帝对他十分宠爱，从史料上看站不住脚。"宣德初，诏郑、越、襄、荆、淮五王岁给钞五万贯，惟梁倍之。"明宣宗继位后，有9个皇弟。最小的弟弟才9岁，体弱多病（后来23岁就病逝了），宣宗一直没让他离开京城去封地。次小的就是梁王，当时15岁，宣宗决定让他去湖北封地。当大哥的宣宗也许是出于照顾幼弟的目的，给了梁王加倍的钱，而非特别爱宠他。

这样说来，梁庄王墓里为何有巨大的财富，我们认为基本可归结于两个因素：一是无子，梁国的财富无人继承，封国要被除国，那么巨大的财富便被梁庄王带了去；二是梁庄王在世期间，明朝国力强盛，宝物满盈。

梁庄王墓里到底有哪些宝贝？当然，5300多件无法一一展现。在此，我们的目光集中于珠宝方面，以期与上面三位皇帝的腰带作出呼应。

3. 明朝皇帝和官员腰上的"呼啦圈"为何掉不下来?

腰带,这是我们要重点说的。

前面说三个皇帝"正装照"上的腰带,不是"玉带"而是"宝石带", 如何印证,就看梁庄王的腰带了。

先要说明的是,明朝帝王和朝臣的腰带不同于其他朝代。一般我们说腰带,主要作用是束腰,把腰间的衣服给扎起来,再在腰带上挂点刀剑、荷包等日用品。但明朝帝王和朝臣的腰带,是"束而不系"。即只是把衣服围起来,却不扎紧,有点类似我们现在的"呼啦圈"。

这个"呼啦圈"的作用不在于系衣服,它更多的是一种象征品、装饰物,标示着一个人的社会地位。这个"呼啦圈"叫"革带"。革带,顾名思义,用皮革制成,外裹各种颜色的丝绫,再在其上缀玉、宝石、犀、金银不等。

革带既然大于人体腰围,为何不掉下来呢?原来两腋下衣肋之际,有条细绳垂下来,绑住革带。所以革带悬于腰际,是活动的。佩戴者为保持腰带平衡,经常要用手扶着。这就是"撩袍端带"的样子。

野史有趣,说朱元璋时期的大臣们,能根据革带的位置,揣测出朱元璋心情的好坏。如果皇帝将革带一提,提到胸部,说明他心情很好。反之,如果他的革带垂到腹部以下,则表明皇帝将有雷霆之怒。这倒也有一定的道理。人在高兴的时候,心气是往上提的。不高兴,心气是往下沉的。说某人"脸色一沉",亦是表明不好的事要来了。

那么，难道明朝的帝王与朝臣不用实际意义上的腰带？他们怎么系衣服裤子呢？有的。起实际作用的腰带叫"大带"。大带是丝、麻或布制作的，系在革带里边。在明代画像上经常看到有两条带子垂到腿边，那就是大带。

明·五同会图（局部）
作者摄于国家博物馆

4. 梁庄王令人瞠目结舌的腰带

梁庄王墓中共出土金玉腰带13条，包括11条革带（玉带7条、金镶宝带4条）和两条束带。这大大出乎人们的意料。为何？因为据定陵发掘报告，明万历帝后一共只随葬12条腰带，其中玉腰带10条、宝带仅2条。

我们来仔细看看这些宝带。

（1）金镶宝石绦环

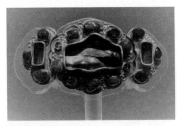

明·金镶宝石绦环
何佳玉摄于湖北省博物馆

通长 13.4 厘米，中宽 7 厘米，重 198.3 克。

所谓"绦环"，可简单理解为皮带扣。这件皮带扣金质，共嵌宝石 14 颗。其中，红宝石 6 颗、蓝宝石 3 颗、祖母绿宝石 4 颗、东陵石 1 颗。

（2）金镶宝石带

由 20 件金镶宝石带銙和 2 件金带扣及 1 件脱落的金插销组成。全带共镶蓝宝石、祖母绿、金绿、金绿宝石猫眼、石英猫眼、绿松石、绿柱石、东陵石等宝石 98 颗。

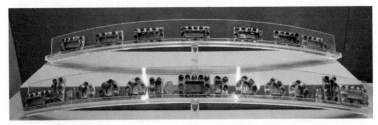

明·金镶宝石带
何佳玉摄于湖北省博物馆

（3）金花丝镶宝石带

这条宝带美轮美奂，到哪里展览都引发啧啧赞叹声。一条腰带能精美成这样，确实是出乎大多数人的想象。

"金花丝"是指镶嵌宝石的黄金花托。这不是普通的金托，而是将黄金拉成细丝后，经过堆、垒、编、织、掐、填、攒、焊八大工艺，制胎造型、花丝成型、烧焊、咬酸（酸洗）后才算完成，工艺相当复杂。

在此基础上，根据每一块宝石的形状，量身定制宝框，填入宝石。这才完成"金花丝镶宝石"。

明·金花丝镶宝石带（局部）
何佳玉摄于湖北省博物馆

可想而知，这样一条宝带制作成本之巨、耗费精力之多。这种宝带是常人难以接触到的。

梁庄王这条"金花丝镶宝石带"，由24件金花丝镶宝石带銙、2件金带扣、1件脱落的金插销组成，共重641.9克。金带共镶嵌红、蓝、祖母绿、东陵石、长石等宝石84颗。

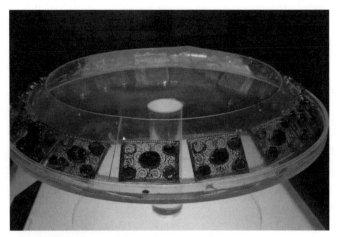

明·金花丝镶宝石带
何佳玉摄于湖北省博物馆

明·金花丝镶宝石带
湖北省博物馆藏

　　看了梁庄王的腰带，前面三个明朝皇帝的革带其材质不言
而喻。

　　那么，明皇室的这些红宝石、蓝宝石、祖母绿，仅仅用来制
作腰带吗？当然不是。仍以梁庄王为例来说明。

5. 令梁庄王扬名当世的帽顶

来看梁庄王的头饰。

头饰？你是要说梁庄王的王妃吗？

一般说头饰，都是指女人的头饰。就梁庄王而言，最多是个帽子，有何"头饰"可言？但不，我们要说的就是梁庄王本人的头饰。

梁庄王有金嵌宝石帽顶六个。

六个，多还是不多？也许你没概念。但想一想，一个历史上默默无闻的亲王，凭着六个金嵌宝石帽顶扬名当世，多还是不多？

帽顶是啥？帽顶又叫冠顶。有图为证。明代《宪宗调禽图》中，明宪宗黑色帽子上的就

明·**宪宗调禽图**
作者摄于国家博物馆

是帽顶。

明·金镶蓝宝石帽顶
湖北省博物馆藏

梁庄王的帽顶首先是金子做的，叫"金帽顶"。然后，金子上嵌宝石，才是"金嵌宝石帽顶"。我们依次来看。

其一，金镶蓝宝石帽顶。通高7.5厘米、底径4.8厘米，重76.7克。金质莲花底座，现存宝石10颗。座顶端"拴丝镶"一颗近200克拉的橄榄形无色蓝宝石。这是目前考古发现最大的蓝宝石。

好多朋友对这颗蓝宝石表示不屑：大倒是大，但晶体实在不敢恭维。乍一看，还以为是一颗水晶。

我也是这么认为的，有一次翻图片表示不屑时，梁慧非常严肃地说：这可是世间少有的宝物。古代蓝宝石，成色好坏不必太在意，主要是太稀罕了。

她说起一次自己的经历：我们曾经和一个阿富汗供应商就一颗蓝宝石讨价还价了很久。他开价是按照2000美金一克拉给我的。2000美金一克拉？梁庄王这颗是近200克拉，价值40万美金？错，宝石还不是这样计价的。宝石以5克拉为一个大门槛，凡高出5克拉，其价格是以几何级数上升的。

一还原到价格真不敢小觑它了。

梁慧说，阿富汗供应商手里那颗高古蓝宝石珠子，晶体很好，颜色很好，品相也完整，年份也非常古老。唯一的争议点就是打孔。它有一个打歪了的孔洞，打到几乎要戳破珠子，然后二次再打孔。那次是我早期收集古珠的时候，我把它当成一个珠子来看，认为它工艺上是有缺陷的。

对方坚持认为，按照宝石来讲这是一颗成色非常好的珠子，他觉得这个东西太宝贵了。晶体、颜色、年份都好的蓝宝石，本身就可遇不可求。对于硬度到达 9 的这种宝石，以 2000 多年前的打孔工艺，很容易就打歪掉。打孔一方面是固定珠子难，越硬越容易打滑，一方面研磨介质必须是比刚玉还硬的金刚砂。还有在整形、抛光方面都非常难。

当然最后双方各退一步成交。梁慧说，现在我明白了，只要是真正的古代蓝宝石，成色完全可以不计，都是稀罕宝物。现在在古珠领域，对真正的宝石类古珠，大家慢慢开始认识到其昂贵性，价格会越来越高。

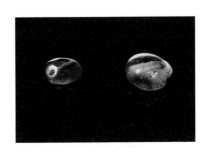

古代蓝宝石
作者自藏

其二，金镶淡黄蓝宝石帽顶。通高 4.8 厘米、底径 5.2 厘米，重 41.1 克。金质八瓣花形底座，嵌红、蓝、绿各色宝石，现存 7 颗，顶端嵌一颗浅金黄色透明蓝宝石。

其三，金镶宝石白玉镂空龙穿牡丹纹帽顶。通高 3.9

明·金镶淡黄蓝宝石帽顶
何佳玉摄于湖北省博物馆

厘米、底径 5.1 厘米。金质覆莲瓣底座，现存宝石 7 颗。上面镶
嵌白玉镂空龙纹顶饰，后面还拖一根金质翎管托。白玉镂空云龙
纹玉饰，推测亦为元代玉帽顶。

其四，金镶宝石白玉镂空云龙纹帽顶。金质覆莲瓣底座，现
存宝石 6 颗。上面镶嵌白玉镂空龙纹顶饰。白玉镂空龙纹玉饰，
极有可能是元代玉帽顶之遗存。

其五，金累丝镶宝石帽顶。通高 3.4 厘米、底径 5 厘米。金
质覆莲瓣底座，花瓣均为花丝工艺，镂空成五层，共镶有宝石
18 颗。

其六，金镶蓝宝石帽顶。通高 3.9 厘米、底径 5.1 厘米。金
质覆莲瓣底座，现存宝石 7 颗。顶端是一颗蓝宝石。

明·**金镶宝石白玉镂空云龙纹帽顶**
何佳玉摄于湖北省博物馆

明·**金镶蓝宝石帽顶**
何佳玉摄于湖北省博物馆

6. 令后世啧啧称奇的王妃首饰

梁庄王如此，那他王妃的头饰想必也极为豪华吧？

是的。

明代女子盛装时，头饰是一整套的，几乎不露发。饰物的中心叫"挑心"，位于发髻的正前方。挑心簪脚多为扁平，自下向上倒插入发髻内。挑心下面是"分心（也有叫花钿）"，一般是山形的弯长条，分心有"前分心"和"后分心"。两边的叫掩鬓，盖住两边发髻；发髻顶部还有个顶簪。整个一套，叫"头面"。

梁庄王王妃的头饰，也镶满宝石。

其一，有 5 件金镶宝掩鬓。形制和装饰大同小异，簪首均用金丝掐丝制作成如意云形，上镶嵌红、蓝、绿宝石。簪头以双层花丝（掐丝）制作。戴时倒插，用以压鬓。

其二，金镶宝簪子一对。簪首顶端镶嵌一颗红宝石，下衬以掐丝花形金饰。簪首下部镶嵌 3 颗红、蓝宝石。簪身扁体，通长分别为 15.3 厘米、15.8 厘米。

其三，桃形金累丝镶宝石簪子一对，簪首平面呈桃形，双层镂空。左长 14.7 厘米、头宽 3.8 厘米，重 30.1 克，存镶宝石 4 颗；右长 13.9 厘米、头宽 3.7 厘米，重 29.4 克，存镶宝石 4 颗。

其四，梅花形金镶宝石簪一对。簪首用镂空的五瓣梅花作底，花瓣中间镶嵌一颗红宝石，金色和红色相称，虽样式简单，但同样奢华富丽。长度均为 12.7 厘米。

其五，金累丝镶宝石青玉镂空双鸾鸟牡丹分心。山字形，长 10.6 厘米，头宽 12.6 厘米，重 42.8 克，存镶宝石 17 颗。簪头镶嵌各色宝石和一块青玉，青玉镂空雕刻成缠枝牡丹花，两侧各有一只鸾鸟，左侧鸾鸟展翅飞翔，右侧鸾鸟回首遥望，寓意情深意切。

明·金累丝镶宝石青玉镂空双鸾鸟牡丹分心
湖北省博物馆藏

　　其六，串缀珠宝金耳环。通高 5.5 厘米，通宽 4 厘米，钩长 5.7
厘米，分别重 13.8 克、14 克。两环各串缀珍珠宝石 4 颗。

　　梁王王妃的其他金镶宝首饰有：

　　（1）金钣花钏和金镶宝手镯。花钏左长 13.8 厘米，圈径 6.5
厘米 ~7.5 厘米，重 292.4 克。花钏右长 12.5 厘米，圈径 6.5 厘
米 ~6.7 厘米，重 295.2 克。花钏用宽 0.7 厘米，厚 0.1 厘米的金
条缠绕成 12 个相连的圆圈组成一器。镯高 2.6 厘米，直径 6.2 厘
米，左存嵌宝石 6 颗，右存嵌宝石 7 颗，与钏配套使用。

　　（2）金镶宝石戒指。左直径 1.9 厘米，戒面镶嵌红宝石 1 颗。

明·金镶宝石戒指
湖北省博物馆藏

中直径 2 厘米，戒面
镶嵌蓝宝石和桃红色
尖晶石各 1 颗，小托
嵌 1 颗。右直径 1.9
厘米，戒面镶嵌绿松
石 1 颗。

说起这个葫芦形
宝石戒指，颇为有
趣。梁慧曾经收集到
几颗很小的古代宝石
戒面，上面的雕刻极

葫芦形金镶高古宝石印章戒指
狄妮藏

其精美，图案有神祇、人物、动物、植物等。在放大镜下看这些
雕刻时，我们经常会被它们的精细传神唬得一愣一愣的。但是，
越是精微，其戒面越小，不用放大镜时就觉得戴在手上实在不起
眼。有一次，正好在做玉葫芦香囊，我们的朋友狄妮突发灵感，
说何不两颗一起镶嵌，做成葫芦形状？一语点醒梦中人，立即实
施。于是就有了我们自己的"葫芦形金镶高古宝石印章戒指"，
很是得意。

然后当我们看见梁庄王王妃这一枚葫芦形宝石戒指，大大惊
骇，以为穿越了。

（3）云形金镶宝石饰。"日形"饰件，通高 1 厘米、长 4 厘米、
宽 3.4 厘米、重 11.7 克。金托为三角形，镶一颗三角形红宝石。
"月形"饰件，通高 1.2 厘米，长 4 厘米、宽 3.2 厘米，重 10.8 克，
金托为椭圆形，镶一颗淡黄色蓝宝石。

从造型和颜色看，这可能是宗教上的"日""月"图形。梁庄王笃信佛教，随葬有大量密教法器，如金翅鸟神像、金时轮金刚曼荼罗咒牌、金法戒、骨佛珠、金曼荼罗镶木佛珠、金刚杵等。

另外，虽说与宝石无关，但当我们看到王妃的三个童子时，无法不动容。梁庄王求子之心多么迫切啊。无子便要被除去封国，子嗣问题太重要，赶紧来个童子吧。

三个童子，一个为绿松石执双荷童子佩，两个为青白玉执荷童子佩。童子身穿褐衣，双手合持，荷叶之梗置于左肩上，弯垂置于颈后，其叶贴于后背。三童子均作赤足行走状。赶紧啊，赶紧走来梁王府吧。

可惜，梁庄王的祈求并无得到回应。

7. 惊心动魄的"赌"宝石

根据考古报告，梁庄王墓出土的镶嵌珠宝有18种，约700颗。主要有红宝石、蓝宝石、祖母绿、金绿宝石猫眼、东陵石、珍珠、水晶和绿松石等，各类宝石的品质参差不齐，其中不乏高品质的珍品。其中红宝石173粒、蓝宝石148粒、祖母绿50粒。

有些宝石品种，往往连资深的宝石商家也未必能说上准确的名称。梁慧曾经收集到一颗高古的绿色水晶体珠子。这颗珠子到底是什么材质？是绿色的水晶？绿色的某种半宝石？她一直弄不清确切的答案。

直到2015年的秋天，美国人类学家乔纳森·马克·科诺耶（Jonathan Mark Kenoyer）带着助手来到梁慧的工作室。科诺耶教授不但是人类学家，还是著名的考古学家。他对早期东南亚文化、早期西亚文化颇有研究，尤其是主持发掘印度河谷文明哈拉帕遗址三十余年，是当今世界研究古代珠子工艺的顶尖学者。

　　他仔细观看这颗绿色珠子后说，这是只有在阿富汗地区才出

高古绿色水晶体珠子
作者自藏

美国人类学家乔纳森·马克·科诺耶先生在梁慧工作室

美国人类学家乔纳森·马克·科诺耶先生所做的古珠
打孔标本

产的绿色石榴石。这个材质仅产于这一小块地区，是一种非常特
别、难得的料子。用绿色石榴石做成珠子的就更少见了。而像这
颗这样制作年份超过 2000 年的，更是罕见。

红宝石、尖晶石、红色琉璃
作者自藏

一席话，说得梁慧攥紧了手上的珠子。后来她说，多有意思啊，这种材质在 2000 年前人们就已经知道加以运用和进行贸易，我们今天倒是认不出来了。

关于红宝石，不得不说，明朝所谓的"红宝石"可能包括红宝石、红色尖晶石，甚至红色的碧玺、石榴石等。即使到了近代，某些红色尖晶石还是归类于红宝石。这是因为红宝石和尖晶石本身就是共生的，加上颜色、光泽都非常相似，肉眼很难区分。世界著名的"黑王子红宝石"，即英国皇冠上的主要宝石之一，后来经认证其实就是一块红色的尖晶石。

梁慧说，在古珠贸易中，和红宝石相关的，最容易搞错的是红宝石、尖晶石、红色琉璃三种。我们现在拿到的红宝石古珠（数量非常稀罕），虽然记载是"R"，但实际上很可能是尖晶石，或是材质非常好的红色琉璃。

这三者怎么区分呢？肉眼很难区分，只能通过仪器辨认。问题是，在交易现场，买或不买，必须是瞬间做出的判断。所以，现场买卖双方的估价都有可能出现偏差。机会转瞬即逝，能否抓住，真有些"赌"得惊心动魄。这也是很多国际买家或卖家，会有很多耿耿于怀的故事的缘由。如果买的是红宝石，回来做鉴定证书时发现是红色琉璃，那种心情你可想而知。

早期买宝石古珠就是这样，互有出入，梁慧说她也会看走眼，或者对方也会"卖漏"，都是有可能的。但是随着大家对红宝石、尖晶石、红色琉璃这三者认识的不断深入，特别是仪器的加入，市场趋向成熟和稳定。这种"捡漏"的机会，卖错、买错的机会就越来越少。

梁慧说，21世纪初，在国际交易市场上，高古的红、蓝宝石珠子虽然罕见，我们还是能看到一些的。但是，后来就见不到了。为什么呢？因为很多都被欧美市场拿去了。

欧美商家拿到这些古代的红、蓝宝石后，基本两个用途：

一是重新切割，然后按克拉计价，价格可能就涨了几百倍。

宝石的材质自古以来就非常昂贵，一颗宝石古珠，按古珠卖，价格再高也有限。但按照宝石卖，晶体、颜色好的话，价格几无上限。

二是进拍卖行，按古董卖。这样一来价格自然比市场上按古珠卖翻出好多倍。两者价格是两套体系。我们曾经在美国见过，一对小小的祖母绿古珠，拍卖行卖到 3 万多美金。

三、大明王朝的宝石从何而来?

8. 金锭引路

一个毫不起眼的梁王，就带去墓里 700 多颗珠宝，那么，明皇室到底有多少珠宝? 开国皇帝朱元璋有 26 子 12 女，明成祖朱棣有 4 子 5 女，明仁宗朱高炽有 10 子 7 女（其中第 9 子为梁庄王）……到梁庄王这一代，仅仅皇帝的子女粗略算算就有 64 人。还不算众多后妃后嫔，这得要多少珠宝啊? 这些珠宝又不产自国内，为何明朝皇室偏偏"无宝不欢"? 而这些宝石又来自哪里?

正当人们为宝石的来源困扰时，梁庄王墓出土的一块金锭提醒了大家。

梁庄王墓共出土两块金锭。

左侧金锭，长 13 厘米，宽 9.8 厘米，厚 1 厘米，重 1937 克。铸有铭文"永乐十七年四月　日西洋等处买到 / 八成色金壹锭伍拾两重"。

明·金锭
湖北省博物馆藏

右侧金锭，长 14 厘米，宽 10 厘米，厚 0.8 厘米，重 1874.3
克。铸有铭文"随驾银作局销镕 / 捌成色金伍拾两重 / 作头季鼎
等 / 匠人黄关弟 / 永乐拾肆年捌月　日"。

明朝亲王定亲，朝廷会赏赐定亲礼物。定亲礼物包括一个
五十两的金锭。梁王先娶张氏，张氏病逝后继娶魏氏，所以有两
块朝廷赏赐下来的金锭。

且来看左侧金锭的铭文："永乐十七年四月　日西洋等处买
到 / 八成色金壹锭伍拾两重"。永乐十七年，即公元 1419 年。该年，
是郑和第五次下西洋回来的年份。

郑和第五次下西洋，于明永乐十五年五月（1417 年 6 月）出发，
途经泉州，到占城（今越南）、爪哇，最远到达东非木骨都束（今
索马里首都摩加迪沙，濒临印度洋西岸）、卜剌哇、麻林（今东
非著名港口，肯尼亚的马林迪）等国家，且于明永乐十七年七月
（1419 年 8 月）回到国内。

金锭上的"永乐十七年四月"，正是郑和返航途中。铭文表
明，这件金锭使用的黄金购自西洋。西洋带回的黄金，存于国库，
再从国库中拿出来用于梁王的亲事。

豁然开朗!

明皇室巨量的宝石,亦应当来自郑和下西洋。

当然,这里有个前提,经过前面元一代,国人对宝石已经有所了解,对其"宝"的价值已有认同。所以郑和下西洋知道"取宝"。

9. 郑和下西洋如何买买买?

有了元代近百年对珠宝的普及,郑和下西洋时,眼睛发亮。原来如此贵重的宝石,在原产地价格低多了,买买买,多多益善。

郑和七下西洋,打通了海上商贸的通道,特别是宝石的采购渠道,大量宝石随着海路进入中国。

那么,郑和下西洋,到底向哪些人买了珠宝?别急,来看一本书——《瀛涯胜览》。

《瀛涯胜览》是明代的书,写的就是郑和下西洋的种种见闻。作者叫马欢,回族人,字宗道,号会稽山樵,这个号一看就是浙江绍兴人。他是一位翻译官,通阿拉伯语。

马欢是位幸运的翻译官,他被郑和选中,曾三次跟随郑和下西洋。分别是1413年11月至1415年8月、1421年3月至1422年9月、1431年1月至1433年7月。即郑和的第四次、第六次、第七次下西洋。

马欢将郑和下西洋时亲身经历的航路、地理、国王、政治、风土、人文、语言、文字、气候、物产、工艺、交易、货币和野生动植物等状况记录下来。第一次出海回来便着手写作,经过35年补充整理,在景泰二年(1451)定稿。

来看几段有关珠宝的：

例一：船队到达锡兰国（今斯里兰卡）的别罗里码头。

"王居之侧，有一大山侵云高耸，山顶有人右脚迹一个，入石深二尺，长八尺余。云是人祖阿聃圣人，即盘古之足迹也。其大山内出红雅姑、青雅姑、青米蓝石、昔剌泥、窟没蓝等一切宝石。每遇大海水冲土，流下沙中，寻拾则得之。常言宝石乃是人祖眼泪结成。"

王宫边上的大山，出产红宝石、青宝石、海蓝宝等一切宝石。海水冲刷后，流出的沙土中就能拾到。当地人说那是人祖的眼泪凝结而成。

国王喜欢中国的麝香、纻丝、色绢、青瓷盘碗、铜钱、樟脑等，常常差遣人拿着宝石来交换或进贡这些东西。

例二：爪哇岛上有个地方叫杜板，千余人家，其间多有流居而来的中国广东及漳州人。村长是广东人。他们来此做生意，附近当地人经常拿些宝石、金子来卖，东西很多，他们生活富庶。

例三：与古里国（今印度西南部喀拉拉邦的科泽科德一带）做生意很有意思。

国王有两大头目，替他掌管国事。这两人俱是回族人，讲诚信。郑和的宝船到了，与国王的买卖全由这两人做主。双方说好日子，到时将各自货物都带去，逐一议价，商定，写好合同，清点好货物当场交割。

这边大生意做完，才轮到当地财主们。然而，看货议价，宝石、珍珠、珊瑚的生意，因为金额大，以货易货的话，计算起来非常麻烦。并非一日能定，快则一月，缓则两三月。这边的买卖，国王让收税官看着，要收税的。

郑和大船回国时，国王欲进贡，用了成色好的赤金五十两，让当地工匠抽成金丝，金丝细如发丝，盘结成片，又以各色宝石、大珍珠镶成宝带一条，让人郑重地送过来。

读到这里时，我们两眼发光，前面梁庄王那条"金花丝镶宝石带"，莫不是古里国国王的"进贡"？

例四：阿丹国，在今亚丁湾西北岸一带，扼红海和印度洋出入口，为海陆交通要冲。自古为宝石、珍珠集散地。

阿丹国人打造钑细金银首饰等，手艺非常精妙，绝胜天下。阿丹国的女人身穿长衣，上身挂满宝石、珍珠、璎珞，周身披挂如同观音，耳带金镶宝环四对，臂缠金宝钏镯，脚趾亦带指环。

船队在这里买到了重二钱许（31.25 克拉左右）大块猫睛石，各色红、蓝宝石，大颗珍珠，几颗高两尺的珊瑚树。又买到了珊瑚枝五柜、金珀、蔷薇露、麒麟、狮子、花福鹿、金钱豹、驼鸡、白鸠等奇珍异宝，满载而归。

其国王感恩中国皇帝，特地打造了两条金镶宝带、一顶嵌珍珠宝石金冠、两枚蛇角，以金箔作表文，进贡中国。

你看，又出现了"金镶宝带"。

例五：忽鲁谟厮国，即今伊朗东南米纳布 (Minab) 附近的霍乐木兹（Hormuz），扼波斯湾出口处，为古代交通贸易要冲。

该国临海倚山，各地生意人都到此地赶集做买卖，所以国民皆富。这里有各种宝物。有红蓝宝石、祖母绿、猫睛石、钻石等，大颗珍珠如龙眼大，重一钱二三分。有珊瑚珠，有各种颜色的琥珀珠。还有各色美玉器皿、水晶器皿等。

国王在船上装了狮子、麒麟、马匹、珠子、宝石等物，以金箔作表文，派人跟随郑和船队回程，到中国进贡。

说起钻石，伊朗产钻石吗？古代珠子的某些制作工艺，登峰造极，极具迷惑性。这造成现代很多商家因为不懂原材料，而将白水晶误认为是钻石。因为工艺实在是太好了，水晶表面闪烁着钻石的那种强反光，跟含着高光的感觉特别像，但其实就是水晶而已。

像钻石的水晶珠子
作者自藏

例六：暹罗国，即今泰国。

该国西北有一市镇，名上水，可通云南后门。这里有少数民族五六百家，各种外国货都有。有一种红马厮肯的石，此处多有卖者。此石比红宝石稍稍次一点，但也明净如石榴子一般。中国宝船到了暹罗，亦用小船去做买卖。

……

10. 郑和买到过假珠宝吗？

根据《明史·郑和列传》，郑和下西洋"所历凡三十余国"。郑和船队前两次的出访行程，均至印度半岛南端为止。所至主要国家有：占城（越南南部）、真腊（柬埔寨）、暹罗（泰国）、苏门答腊及旧港（印尼苏门答腊）、浡泥（印尼加里曼丹岛）、爪哇（印尼爪哇岛）、满喇加（马六甲）、锡兰山（斯里兰卡）、溜山（马尔代夫）、榜葛刺（孟加拉国）、古里（印度喀拉拉邦）等。

后五次的出访行程，向西越过印度半岛，行抵中东地区，最远到达非洲东海岸的赤道以南。所至主要国家有：忽鲁谟斯（伊朗霍尔木兹）、祖法儿（阿拉伯半岛东南部）、阿丹（也门亚丁）、木骨都束（索马里摩加迪沙）、卜剌哇（索马里布拉瓦）、麻林（肯尼亚马林迪）等。

七下西洋到过的国家，具体列出国名的有 37 国。

这些国家中，印度、斯里兰卡、泰国、越南、柬埔寨等，至今都是珠宝出产的主要集中地。郑和七下西洋所得的珠宝，有通过贸易得来的，也有进贡来的（先赏赐，后进贡，以物易物，亦是变相贸易）。

郑和船队规模之大，看看随行人数即知。经统计，下西洋人数共约 2.7 万人。如此规模，来往七次，途中逗留时间近 14 年，取宝能取到多少，可想而知。

关于郑和下西洋时，买卖宝石的具体细节，书上没有详细记载。但，那是多么丰富的细节啊。看宝、鉴宝、货比三家、讨价还价……有"捡漏"吗？有懊悔吗？有买到假货吗？

梁慧说起她曾经和一个巴西人打交道。

这个巴西人，以前在巴西的碧玺矿上工作，升到工头之后，慢慢就买得起一些顶级的原石。有一种特别顶级的碧玺，蓝色调，能发出霓虹光，就像自己能发光一样，叫"巴西帕拉伊巴"。市场上能卖到 15000 美金一克拉。

　　梁慧在做宝石生意初期，曾经偶然间在这个巴西人那里买到过这种宝石。梁慧与他是在泰国碰到的，他当时急用钱，刚刚到东南亚，市场销路还没有打开；另外，他的货切割也不是最优，所以当时梁慧以 1000 多美金一克拉就买到了，几乎是市场价的十五分之一。

　　当时买到了十几克拉，马上加了 10% 的利润就出掉了，卖得很快。后来梁慧还想买这个价位、同样晶体的帕拉伊巴碧玺，就买不到。所以有时候买宝石靠的是一个缘分。

　　关于"捡漏"，这也是珠宝界很感兴趣的话题。

　　买卖宝石，靠的是现场瞬间的准确判断能力。有的时候是能捡到"漏"，但前提是你的专业水平要足够高、你的购买实力要足够强，然后才是运气。不是很懂的人，或者刚刚入门的人，尤其不能抱着"捡漏"的心态，否则得到的只有教训。

　　梁慧刚做宝石生意时，想"捡漏"一颗欧泊。那是一颗非洲的水欧泊，克拉数特别大，像颗鸽子蛋。她买到的价格比市场价格便宜很多，克拉价不贵，整个一大块

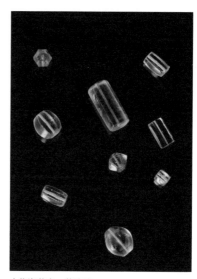

古代海蓝宝、蓝琉璃
作者自藏

儿才花2万人民币。但买回来放一段时间就发现，它的晶体不稳定，很快就酥掉了。

还有几次，买到的"漏"是作假的。有一个小手串，中间的主珠是颗镶蚀珠，梁慧觉得价格太高，对方说配珠可以送。配珠是十几颗高古红玉髓圆珠，品相都不错。整体算下来还是划算的，就拿下了。回来仔细一看，其中有八颗高古红玉髓是人工做旧。

所以说，在古珠这一行，实际上是没有"漏"可捡的。只要东西对、品相好，没有比市场价贵，其实已经算是"捡漏"了。品相更好的，对方要溢价销售，也是很正常的。

总之，在这个行业，作为买方，在采购中一定要适时地展示自己的实力，才能见到好东西。在价格上，要给卖方足够的动力，让他们再去收集好东西，这也是很重要的。

可惜郑和的珠宝鉴定师没给我们留下文字，那些买卖过程中真假"捡漏"的种种趣事，淹没在大海的涛声里了。

11. 杜十娘的百宝箱

郑和下西洋取回的宝石，带动起明朝社会各阶层对宝石高涨的消费热忱。这股潮流一直延续到明朝结束。《明孝宗实录》中记载："后宫器用以珍宝相尚，京师上下亦然。"其实，类似描述在此后历代明朝皇帝实录中都有。

大家知道，到了明嘉靖年间，出了著名的权臣严嵩。严嵩家被抄时，有个抄家所得物品目录叫《天水冰山录》。仅仅帽顶一项，抄了多少呢？目录里清清楚楚记着：金厢珠宝帽顶三个、金厢珠帽顶三个、金厢玉帽顶一个、金厢绿宝石帽顶一个、金厢青宝石帽顶一十三个、金厢红宝石帽顶五个、金厢黄宝石帽顶一个、金厢宝石帽顶八个，以上帽顶共三十五个，共重七十七两一钱三分。

这里的"厢"通"镶"，金镶各种宝石的帽顶有35个！梁庄王才6个，吓死人了。严嵩晚上怎么睡得着？

同时，明朝宫廷和上层社会对于宝石的追捧，也带动了民间对宝石的强烈需求。

小时候看过一部电影叫《杜十娘怒沉百宝箱》，当时全部情绪集中在对负心汉的愤怒上，根本没注意那个百宝箱里到底有什么。后来回想起来，深感自己不识货。搜索出电影，将"怒沉百宝箱"那段重看一遍，又原谅了自己。为何？电影中的百宝箱里，基本是些廉价的翡翠，夜明珠像是珍珠，猫儿眼像塑料，确实沉淀不下对"宝"的记忆。

电影根据明代通俗小说家冯梦龙的《警世通言》改编。小说中这样描述百宝箱："十娘叫公子抽第一层来看，只见翠羽明珰，瑶簪宝珥，充牣于中，约值数百金。十娘遽投之江中。李甲与孙富及两船之人，无不惊诧。又命公子再抽一箱，乃玉箫金管；又抽一箱，尽古玉紫金玩器，约值数千金。十娘尽投之于大江中。岸上之人，观者如堵。齐声道：'可惜，可惜！'正不知什么缘故。最后又抽一箱，箱中复有一匣。开匣视之，夜明之珠，约有盈把。其他祖母绿、猫儿眼，诸般异宝，目所未睹，莫能定其价之多少……十娘抱持宝匣，向江心一跳。众人急呼捞救。但见云暗江心，波涛滚滚，杳无踪影。"

百宝箱的最核心部分，夜明珠大概有一把，其他祖母绿、猫

古珠百宝盘
作者自藏

儿眼，诸般异宝，平时见都没见到过，都是无价之宝啊。可见，一代名妓，出道八年，阅尽王公贵戚，收集到当时最贵重之物也就是祖母绿、猫儿眼等异宝。

回看明英宗朱祁镇宝带细节图，其所嵌宝石极有可能就是猫儿眼、红宝石、蓝宝石等。

同是明代小说，《二刻拍案惊奇》"襄敏公元宵失子"中说到一顶帽子："只头上一顶帽子，多是黄豆来大、不打眼的洋珠，穿成双凤穿牡丹花样；当面前一粒猫儿眼宝石，睛光闪烁；四围又是五色宝石镶着，乃是鸦青、祖母绿之类，只这顶帽，也值千来贯钱。"

《型世言》第十二回《宝钗归仕女 寄药起忠臣》中写到一支祖传金钗，钗上镶着鸦青（蓝宝石）、石榴子、酒黄宝石（可能是托帕石）。这个描写，色彩不同的宝石排列在一支金钗上，缤纷瑰丽，与梁庄王魏妃的金镶宝钗应该是同一效果。

《金瓶梅词话》说到李瓶儿的私房宝物，有她已过世的公公花太监的"一件金镶鸦青帽顶子"。鸦青是蓝宝石，这个金镶蓝宝石帽顶估计与梁庄王的差不多。另外，还有一对"二两重鸦青宝石"。明朝一斤大约相当于现在的596.8克（不同时期有细微差别），即一斤十六两，一两折合约37.3克。二两74.6克，约等于现在的 373 克拉。两颗宝石超过三百克拉，快赶上梁庄王那颗 200 克拉的了。世所罕见。不禁起疑：要么是小说有所夸张，要么是晶体太一般。但反过来说，毕竟，这些宝石也是从宫里流到了民间。要不是李瓶儿的特殊经历，仅仅是富户哪里搞得到。

四、万历帝的宝石心结

12. 发现新宝地

经元一朝，宝石的美感与价值被认同，金镶宝风行。郑和带回的珠宝，更是起到了推波助澜的作用，金镶宝成了全社会有共识的价值顶端。

郑和下西洋，结束于 1433 年。这年 4 月，郑和在第七次远航途中，病逝于印度西南海岸古里国。两年后，宣德十年（1435）正月，明宣宗朱瞻基去世。其 9 岁长子朱祁镇继位，即为明英宗。

明宣宗朱瞻基去世，

明·明英宗朱祁镇
台北故宫博物院藏

其实是宣告了明朝顶峰时代的结束。从小锦衣玉食的朱祁镇，23
岁那年玩"御驾亲征"，攻打北方瓦剌部，发生"土木堡之变"。
兵败被俘，50 万大军全军覆没，军力严重被削弱。自此，明朝
在北方的战略由攻转守。

　　明英宗被捕，国不可一日无君，到底是立明英宗的 3 岁幼子
还是已成年的 22 岁的异母弟？朝廷开始分派系。最终，异母弟
朱祁钰上位，是为明代宗。代宗上台后，违背诺言，废了哥哥立
的皇太子，立自己儿子为皇太子。这又是一番势力倾轧，朝廷被
搅得天翻地覆。代宗驾崩时，他儿子已早他先离世，皇位又被明
英宗夺回，被废太子又成为皇太子。

　　经过这几番折腾，国家体制、人心所向、帝国财力均趋于分
崩离析。帝国的高峰期不但过去了，还下滑得很快。

　　据统计，明成祖朱棣的永乐年间，新建和改建了约二千艘海
船，每只宝船造价五六千银两。为此，明成祖朱棣不惜"支动天
下一十三省的钱粮"。郑和舰队宝船之大之豪华，除了实用性之
外，更重要的是要给人一种"巍如山丘，浮动波上"的观感。如
此排场，到了明英宗手里，再也玩不起了。

　　下西洋取宝，不想结束也得结束了。

　　取宝行动结束，但是，全社会对宝石的热情无法消退下来。
明朝皇室对宝石的需求更是无法消退，欲罢不能。做个东西吧，
不镶嵌宝石看着总觉得不像；赏赐点东西吧，没宝石总觉着不够
分量；各种礼仪场合，没宝石璀璨闪烁总感觉不上档次。

　　明英宗时，司礼监太监福安奏称："永乐宣德间屡下西洋收
买黄金珍珠宝石诸物，今停止三十余年，府藏虚竭。"郑和下西

洋取回的宝石，差不多消耗殆尽，接下来怎么办呢？

这时，云南的一块宝地进入了明朝皇帝的视野。

宝井！今属缅甸孟密，就是如今举世闻名的宝石产地"抹谷小镇"。

该矿区目前仍是全球最重要的宝石出产地，已开采出的宝物包括尖晶石、蓝宝石、红宝石、水晶、锆石、橄榄石、赛黄晶、铝硼锆钙石（painite）及黄金等。其中尤以红、蓝宝石闻名遐迩。它是世界上最大、最优质、最精美的红宝石的产区。如167克拉的英国皇冠红宝石、英国不列颠博物馆收藏的690克拉的红宝石晶体、伊朗皇冠上84颗11克拉的红宝石等均产于此。抹谷出产的"鸽血红"红宝石，色烈如火，比金刚石还要名贵。

明朝前期，宝井尚属云南孟密土司管辖。据说，早在永乐年间（即郑和前六次下西洋期间），宝井曾挖到一颗重量达三两一钱（500克拉左右）的红宝石，当时估测价值三千两银子。但那时郑和带回的宝石多了去了，宝井的价值并未得到充分重视。

明英宗时，下西洋停止三十余年，郑和取回的宝石消耗得差不多了。宝井开始红火起来。

13. 失去世界上最优质的宝石产地

先来看一套头面。

这是出土于南京市江宁区的一套明代头面。其主人为沐斌侧室夫人梅氏。这套头饰，包括挑心、分心、顶簪、掩鬓等，分别作火焰形、山字形、花形、如意云形。其上均镶嵌红宝石、蓝宝

明·金镶宝石头面
南京博物院藏

石、猫睛石等。可惜圆形小金托里的珍珠朽没了，不然还要更璀璨夺目一些。

这一套头面一点不输皇室气派啊。

梅氏是谁？

明朝开国皇帝朱元璋有个养子，叫沐英。沐英自小跟随朱元璋攻伐征战，是明朝的开国功臣之一。明军打下云南后，朱元璋留下沐英镇守。沐英去世后，次子沐晟承其父兄业，镇守云南四十余年。沐晟之子即是沐斌。沐斌自小留居京师，云南由其叔叔沐昂代镇。沐斌49岁时，叔叔去世，他身佩征南将军印开赴云南。

此时的沐斌，年近半百，远离家室，且独子早夭，个人生活陷于低潮，于是便收了15岁的梅氏照顾起居。三年后，梅氏生下儿子沐琮。沐斌54岁卒于云南。沐琮当时不足1岁，朝廷特遣官员护送梅氏母子扶棺归葬南京祖茔。自此，梅氏在南京祖宅持家教子。1467年秋，18岁的沐琮奉命回云南镇守，梅氏随之前往。次年，梅氏被朝廷推恩封为"黔国太夫人"。 1474年，梅氏卒于滇南，享年45岁。

这些令现代人咋舌的璀璨宝石，来源到底是哪里？是皇上赏赐还是儿子操办？或者皇上给指标儿子实际采办？

梅氏被封"黔国太夫人"及去世的那段时间里，明朝皇帝是明英宗的儿子明宪宗，即成化帝，也就是宠爱比自己大17岁的万贵妃的那位。明朝的高峰期已过，皇室自身用宝已经捉襟见肘。其时云南拥有宝井，沐家又世代守云南，所以这套头面，不排除皇室赏赐，但也极有可能是取自宝井。

云南孟密原为"木邦土司"属部，因宝井之利，地方政府与木邦纷争不断，乃至兵戎相见。成化二十年（1484），明朝干脆设立了孟密安抚司，孟密尽夺其主木邦土司故地。

不料，西南诸夷"不平，汹汹欲乱"，发誓要形成合力共灭孟密，土司之间矛盾公开化，大小火拼不断。"云南之患"到宪宗儿子孝宗（即弘治帝）、孝宗长子明武宗（正德帝）时仍未能解决。

接下来就到了嘉靖朝。

嘉靖帝也是个宝石爱好者。《明史·食货六》记载嘉靖帝中年以后（离郑和最后一次下西洋过去了约一百年），"方泽、朝日坛，爵用红黄玉，求不得，购之陕西边境，遣使觅于阿丹，去土鲁番西南二千里。太仓之银，颇取入承运库，办金宝珍珠。于是猫儿睛、祖母碌、石绿、撒字尼石、红刺石、北河洗石、金刚钻、砾蓝石、紫英石、甘黄玉，无所不购"。

嘉靖帝曾赏赐给权臣严嵩一顶烟墩帽，上有金镶宝石帽顶，严嵩特地赋诗道："赐来大帽号烟墩，云是唐王古制存。金顶宝装齐戴好，路人只拟是王孙。"

烟墩帽到底是什么形状？类似元代的钹笠帽，只是帽身更直更高。烟墩帽加上宝石帽顶好看吗？当然好看。有图为证，即同时代的《王琼事迹图》。

自嘉靖十三年（1534）起，云南的贡金定额为两千两。这两千两主要是上缴宝石。但随着朝廷对宝石需求量的增加，这个定

明·王琼事迹图（局部）
作者摄于国家博物馆

额越来越不够。嘉靖帝末年，继续索宝于云南地方官。当时地方官已经是倾全云南物力，却依然不能如数上缴。

嘉靖帝买买买，但此时明朝国势衰退，北有女真兴起，南边缅甸东吁王朝崛起并不断向北拓展，直逼云南。

嘉靖三十九年（1560），缅甸控制孟密安抚司。接下来，孟养、孟密、木邦、陇川、干崖等土司渐归缅甸东吁王朝。

好不容易有个能稍稍替代郑和下西洋取宝的取宝地，却归于缅甸了。而国内，皇室对宝石的需求变本加厉。

同是《明史·食货六》记载道："隆庆六年诏云南进宝石二万块，广东采珠八千两。神宗立，停罢……神宗初，内承运库太监崔敏请买金珠。张居正封还敏疏，事遂寝。久之，帝日黩货，

开采之议大兴，费以钜万
计，珠宝价增旧二十倍。"

此时宝井已归缅甸，
只得靠民间贸易得到宝井
宝石。供不应求，宝石自
然涨价。涨了二十倍，够
触目惊心的。

明·**明神宗万历帝画像**
台北故宫博物院藏

14. 万历帝的宝石采办能力

终于，考验万历皇帝
采办宝石能力的时刻来了。

他宠爱的同母弟弟潞王要大婚了。潞王朱翊镠，万历帝终其
一生对这个弟弟倍加爱护，这在皇族家庭中是非常少见的。

万历十年（1582），潞王十四岁，按照皇家习俗准备完婚。
为准备潞王婚礼，皇家给出的清单为：

各色金三千八百六十九两
青红宝石八千七百余块
银十万两
珊瑚珠二万四千八百余颗
各样珍珠八万五千余颗
……

由于费用奢侈，户部看不下去，以礼法《大明会典》载"亲王定亲礼物，金止五十两，珍珠十两"，提示万历皇帝：潞王婚礼的费用超标了。

万历帝哪里听得进去。群臣无奈，日夜筹思，掣襟露肘，甚至动用了军饷。但是，还是不够。

此时，正值万历帝清算大太监冯宝、权臣张居正（已死）之时。万历帝生母李太后想必对此心有戚戚吧？毕竟，隆庆帝（万历之父）驾崩时，小皇帝才10岁，李太后一出身寒微之妇人，在外全靠张居正摆平文武大臣，在内全靠冯宝赢得宫斗胜局。如今儿子翅膀硬了，要搞掉这二人，她于心何安？

如今的朝廷大事，她已无力左右。但自己小儿子的婚礼，所需珠宝未备，要过问一声的。

万历帝答："这些年来，这些无耻臣僚，有好东西都送去给张居正、冯宝两家，弄得市面上反而缺货，涨价厉害。"太后说："这下抄了这两家，这些好东西就归我们了。"万历帝说："他们鬼得很，早就转移赃物了，抄家没全部抄出来。"结果，又去抄了锦衣都督刘守有与僚属张昭、庞清、冯昕等人的家，勉强凑齐婚礼所需。

也许是受了筹办这次皇家婚礼的刺激，第二年，即万历十一年（1583），缅甸军队大举入侵云南。万历帝一想到红、蓝宝石滚滚而出的宝井，气就不打一处来，命令军队不惜一切代价迎头痛击。明军于次年击退缅甸的侵犯，孟养、孟密、木邦、陇川、干崖等土司又归附明朝。

这下皇室用宝稍稍得到缓解。

但，也只是稍稍而已。来看皇家开销：

万历十三年（1585）四月，五公主婚礼，"合用各色金二千三百余，青红宝石八千二百余，各样珍珠八万六千三百余等"。大臣上奏："太仓之积非如泉水，其何能支？"万历帝说，好吧，那减三分之一。

万历十四年（1586）五月，万历帝的六妹婚礼，"合用各色金四千三百两，青红宝石九千九百一十三块，西珠六百颗，各样珠九万二千七百一十七颗，珊瑚三万六十颗，珊瑚等料二十七斤七两，翠毛一千七十五个，各色香九千八百三十四两"。为购买宝石珠玉耗费了十九万两银子。

十九万两银子是个什么概念呢？可用来打一场小型战争了。

到了万历二十年（1592），云南的贡金定额增加到了五千两，万历帝爷爷嘉靖帝时，狠狠心才下达了两千两的指标。

万历二十三年（1595）三月，长公主婚礼，责令户部掏钱。内承运库太监孙顺题："急缺婚礼金珠金四千余两，宝石八十余块，西珠二百余颗，各样广东珍珠九万二千余颗，珊瑚珠三万颗，翠毛一千八十五个。"

而到万历二十六年（1598）七月，买珠之价已至四十万。由于皇室召买珠宝数量太多，严重地影响了国内珠宝的供需市场。市场本就供不应求，户部"急于上供"，只好"曲徇增价"，以至于"比旧价有增五六倍"者，甚至有增至二十倍的。

不仅是皇家开销，还有对大臣的赏赐。

如今走进浙江博物馆，在明清展柜区可见一排格外显眼的金镶宝饰品。那是浙江台州临海人王士琦墓出土的一组文物。王士琦，明万历十一年（1583）进士。历任南京工部主事、兵部郎中、福州知府、重庆知府、四川按察副使等职。久镇云中，严守北疆，处理边疆事务刚柔相济，很有威信。王士琦在历史上是一个有名的清官，临去世前不让家人大兴后事，害怕劳民伤财，据《康熙临海县志》记载："殁之日，帑无长物，旅榇萧然，祀乡贤祠。"

那么他墓中数量众多的金镶宝是怎么回事呢？王士琦去世后，万历皇帝得知他的事迹后，下令"赐祭葬"，赏赐了大量陪葬品，将其墓重新修整，墓前石坊上镌"天恩赐地"四个大字，还修建了御表石亭立于墓前。

根据文物单据，王士琦墓随葬器物共计107件。其中金丝发罩1件；金带板20件；各种金饰包括戒指、耳环等33件；各种杂金饰连宝石、玉、银29件；等等。

明·王士琦墓出土金嵌宝饰品
作者摄于浙江博物馆

朝臣们为了万历帝的开销"日夜焦思，寝食俱废"。皇帝如此挥霍无度，对朝廷的压力可想而知。但是，面对国库空虚，万历帝想出来的办法是什么呢？加收矿税，派太监下去收取。

万历二十七年（1599）冬，对宝石索要无度的万历帝，终于听到句让他舒坦的话。宦官杨荣献计道："云南宝井因有宝石之利，好好管理起来的话，一年能上缴朝廷贡金数十万，我愿意前去效劳。"

杨荣到云南后，实际缴上来的贡金不到他许诺的十分之一。万历帝当然不高兴。杨荣就污蔑当地官员侵占贪污，致使多名官员下狱。杨荣为兑现承诺，更是加大力度威逼勒索百姓上缴宝石，恣行威虐，杖毙数千人。百姓恨之入骨，万历三十四年（1606）三月，云南人杀税监杨荣，焚其骨，扬灰于金沙江。

经此一乱，多位土司外奔附缅，缅甸再次控制了蛮莫、孟养、孟密、木邦等土司。而明朝此时内忧外患，在保障云南内地不受侵犯的前提下，同意放弃对这些地方的控制。

15. 宝石越美，时代越痛

好不容易失而复得的宝井，再次失去，归了缅甸。

至今，顶级的红宝石仍出产在缅甸。梁慧曾经与一个大的红宝石藏家打过交道，他出生在泰国的一个缅甸人家族，这个家族世代控制着红宝石贸易。他给梁慧仔细介绍了世界上红宝石的收藏地，主要收藏地其实还在欧洲。顶级的缅甸红宝石，一般人基本上是不可能看到的。顶级的，是指那种大克拉的晶体特别优秀的。能看到的，要么是小克拉的顶级红宝石，要么是大克拉的普通红宝石。

　　同样的一克拉，成色不一样，有的只值几百美金，有的就能值几万甚至几十万美金。在缅甸红宝石商那里，一克拉的红宝石，完全要靠个人的专业知识来判定到底属于哪个等级。你眼光到哪一步，他们给你看哪个等级的货。你的眼光没到能看几万美金一克拉的红宝石时，他们不会给你看这个等级的货。换句话说，商家会尽量避免让客人看到高出其购买力太多的宝石等级。

　　顶级的缅甸红宝石是什么样子？就是那种特别艳丽的、像喷发出的熔浆那样的能量聚集体，而且晶体完美，切割完美，让人过目不忘。

　　是啊，宝石虽小，却价值连城。大明王朝举国上下对其狂热与毫无节制的需求，种下了恶果。矿税对于缓解万历帝的财政危机，起到了不错的效果，但负面影响更大。大学士沈鲤指出，矿税太监造成的后果是："天下之势，如沸鼎同煎，无一片安乐之地，贫富尽倾，商农交困，流离迁徙，卖子抛妻，哭泣道途，萧条巷陌。"除了云南丢失宝地，湖广、临清、苏州、江西、辽东、福建等地还发生了多起民变乃至兵变。

16. 万历帝的珠宝挽歌

　　最后来看看万历帝的珠宝吧。为何要看万历帝呢？明朝16位皇帝，开国皇帝朱元璋葬于当时的首都南京，建文帝被叔叔朱棣赶下台失踪，明代宗被废，其余十三帝均埋葬于北京昌平，即

"明十三陵"。

明十三陵中,唯一一座被发掘的陵墓就是万历帝的定陵。定陵出土的珠宝简直无以计数。共出土文物3000多件,其中帝后首饰248件。

在这248件帝后首饰中,195件镶嵌各色宝石,占比为78.63%。所以,它们的名字里都是以"镶宝""镶珠宝"开头的,宝石种类包括红宝石、蓝宝石、祖母绿、猫睛石等。

日常用品主要有:

(1)鎏金银盘玉杯:玉杯材质为新疆和田白玉,杯身光素,两侧为镂雕牵牛花形耳,花心上嵌红宝石。银鎏金托盘,盘面有花卉纹,内外两圈嵌宝石。

(2)金托镶宝石玉爵杯:玉爵杯材质为新疆和田青白玉,爵身呈元宝形,一边是圆形柱顶上刻满纹饰,一边是透雕龙形把。金质托盘,盘内嵌两圈红、蓝宝石,中间有凸起的"山形 + 海水江崖"造型,亦嵌红、蓝宝石。

(3)金酒注:盖顶嵌玉,红宝石为钮,肩部镶嵌宝石七颗,腹部在把、流的两侧,各嵌一条玉雕正面盘龙,龙睛、龙额处各嵌红宝石三块。此件金酒注,与《出警入跸图》中的嵌宝杏叶执壶相仿。

这些宝贝如今都收藏于定陵博物馆。来参看两件同时代的首都博物馆藏品。

前面说到梁庄王墓中共出土金玉腰带13条,包括11条革带(玉带7条、金镶宝带4条)和2条束带。万历帝却只随葬12条腰带,其中玉腰带10条、宝带2条。可从质地来说,当然万

明·嵌宝石刻花金盖托（丰台区右安门外出土）
作者摄于首都博物馆

明·累丝嵌宝石镶玉八卦纹金杯（丰台区南苑出土）
作者摄于首都博物馆

历皇帝的更牛。

即使玉带，其"皮带扣"也是嵌宝石的。式样有云头形、三菱形、心字形、长条形、长方形、椭圆形。从工艺上看，全为花丝镶嵌，嵌宝石和珍珠。例如：

（1）镶珠宝云头形金带饰：中心镶嵌黄宝石，周围嵌红宝石、猫眼石、珍珠等。

（2）鎏金嵌珠宝方胜形带扣：正中嵌猫眼石一块，两端及四周嵌红宝石四块、绿宝石两块、珍珠四颗。

（3）鎏金松鹤长方形带扣：中间一行嵌宝石五块，正中为祖母绿，左右两边各为方形红宝石和长方形蓝宝石，两侧焊制流云纹并嵌珍珠十二颗。

（4）镶金嵌宝石玉团龙纹带饰：带饰两端嵌红、蓝宝石及珍珠。

（5）碧玉嵌宝石龙首带钩：龙额嵌珍珠一颗；腹部嵌红、蓝宝石各两块，黄宝石一块。

（6）镶金嵌宝石白玉带钩：腹部嵌红、黄、蓝宝石，龙睛嵌猫睛石。

这些宝带或嵌宝"皮带扣"美吗？可参看首都博物馆同时代

明·**嵌宝石龙首金带钩**（丰台区南苑出土）
作者摄于首都博物馆

的藏品：万历帝的革带中，最名贵的一条叫"大碌带"。

此宝物出土于万历皇帝棺内，长 138 厘米，宽 6.8 厘米。因黄色绢条上有墨书"宝藏库取来大碌带"，而称其为"大碌带"。带的质地为皮革，通体包了一层黄色素缎。带上缝缀 20 块嵌宝金銙，每一金銙均为扁金制成的缠枝花形金托，托正中镶祖母绿一块，四周嵌石榴子红宝石及珍珠数颗。全带共有祖母绿 20 块，石榴子红宝石 91 块。

如此大块的祖母绿，古今中外实属罕见。因我国不产祖母绿，不能自给，所以祖母绿价格十分昂贵。在明朝，更是只有极少部分人才能拥有。

有人发出疑问：皇帝的祖母绿看上去斑斑驳驳，晶体似乎不怎么好吧。对此，梁慧从经验出发有不同的判断。她说，我们在采购当代珠宝的时候会非常注重珠宝的晶体。祖母绿尤其是这样。但是我们从收集古珠的过程中了解到，在古代，判断祖母绿的优劣时，古人更注重颜色。古人和今人的判断标准是不一致的。

就祖母绿本身来说，晶体好的非常少，很难见到。古人认为能收集到祖母绿是很幸运的。即使祖母绿上有纹裂、包裹体也完全能接受。即便是现在，我们的供应商、商家、客户以及世界各地的收藏家，一旦找到古老的祖母绿珠子，他们会认为是非常幸运的。

　　我们的供应商认为，卖祖母绿珠子就是把幸运传递给这个人。所以，不是说你出价钱我就卖给你，而是必须觉得你这个人可靠，他们才会把古老的祖母绿珠子卖给你。

　　梁慧特别喜欢祖母绿，所以一直关注着几个顶级商家的出货路线。她说，全世界做祖母绿贸易的基本上是哥伦比亚的矿主。矿主一定是世代相传，才会有这种特权。他们拿到原始晶体之后，会在美国境内的证书鉴定机构先估价。估完价之后，

古代祖母绿、仿祖母绿琉璃
作者自藏

会送到欧洲切割，因为欧洲有布鲁塞尔等一些切割技艺非常棒的地方。在欧洲切割完了以后，往往不直接销售。他们会回美国或者是去中国香港再做一些制作，比如加工和镶嵌，然后再在欧洲和中国香港销售。

　　也就是说，现阶段珠宝最集中的藏家集散地，其实并不是亚洲，还是以欧洲和美洲为主。亚洲是新兴的市场，他们会慢慢培养，但是并不会把最大克拉数和最好的晶体放在亚洲销售，他们还是会首选欧洲和美洲。

17. 正牌皇后的豪华凤冠

我们这里要说的是明朝皇室的传家宝，说来说去都是些男人们的宝贝，既然谈珠宝，总得说说女人们的吧？好。压轴的来了，四顶皇后凤冠。

四顶皇后凤冠，分属于万历帝的两位皇后：孝端皇后的九龙九凤冠、六龙三凤冠；孝靖皇后的十二龙九凤冠、三龙两凤冠。

咦？你搞错了吧？万历皇帝自始至终只有一位皇后啊。

对的，那就是孝端皇后。她是历史上在位时间最长的皇后。从大婚到离世，她居皇后位共 42 年。

孝端皇后名王喜姐，浙江余姚人，生于北京。公元 1577 年，13 周岁的王喜姐与 14 周岁的万历皇帝大婚。婚后第四年有孕，皇太后李氏与万历帝分别派遣内官到五台山和武当山祈嗣。但皇后生下一个

明·**万历帝孝端皇后画像**
台北故宫博物院藏

女儿，即皇长女荣昌公主朱轩媖。此后，屡次流产，终未能再次生育。

但凡看了黄仁宇《万历十五年》的，都知道万历帝专宠郑贵妃。"万历并不只是对皇后没有兴趣，他对其他妃嫔也同样没有兴趣。在他生活中占有重要地位的女人还要在几年之后才与他相遇。""万历时年已经 18 岁，但对这一个 14 岁的小女孩一往情

深……更不寻常的是，他们的热恋竟终生不渝，而且还由此埋伏下了本朝的一个极重的政治危机。"这个14岁的小女孩，就是后来的郑贵妃。

但黄仁宇也写道："是热恋并不等于独占皇帝的枕席。万历共有八子十女，为八个不同的女人所生。"从史书的一些记叙来看，万历皇帝与皇后的感情还算不错的。比如：万历二十四年（1596）三月，此时万历帝33岁，皇后32岁。皇帝居住的乾清宫和皇后居住的坤宁宫毁于"天火"，次年六月又起"天火"，连前三殿也被焚毁，皇帝皇后就一同搬入启祥宫。几年后乾清宫、坤宁宫重建完毕，他们竟仍然坚持挤在小小的启祥宫中，同食共寝24年。直到皇后57岁时去世，万历帝才搬回自己的乾清宫。

黄仁宇所说的"极重的政治危机"，是指立太子事件。因皇后无子，当时群臣皆要求立王恭妃所生皇长子朱常洛为太子，但万历帝就是不同意。万历帝给出的理由是：皇后尚年轻，能生育，万一生出嫡子呢！而大臣们则理解为万历帝想废长立幼，立郑贵妃所生的三子朱常洵为太子。此"国本"之争，影响明末政局甚深，使万历朝成为明朝历史上由治转乱的转折期。

谁是谁非，莫衷一是。万历帝给出的理由也是站得住脚的。大臣第一次要求立皇长子朱常洛为太子时，皇后才23岁。万一皇后生出了嫡子，难道再搞废庶子立嫡子的闹剧吗？他待皇后不薄。

可惜皇后一直未能生子，万历三十二年（1594）三月，皇后40岁，万历帝要求户部采办金银珠宝为皇后补造中宫册宝冠服，户部尚书赵世卿请求以累年进贡给内库的珠宝制造，明神宗不同意，仍令户部出外采办。看，也算是务求尽善尽美。

孝端皇后的凤冠，上面画像上那顶叫"九龙九凤冠"，是定陵出土四件凤冠中最为精美的。如今实物在国家博物馆。

2020 年秋天，我在国家博物馆转悠。当看到这顶九龙九凤冠时，脚步不禁停下来。虽然此前多次看到图片，但面对实物时，还是惊骇：太精美了！满冠都是珠宝啊。红宝石和蓝宝石一颗颗、一排排，让人目不暇接，珠宝与翠羽交相辉映，是一种迥异于西方镶嵌珠宝的华美。

拍摄九龙九凤冠也实属不易。因为展柜前总是挤满了人，赞叹声不绝，因细节过于丰富，观者流连着不肯走开。

九龙九凤冠，通高 48.5 厘米，直径为 23.7 厘米，重 2320 克。用漆竹扎成帽胎，丝帛作面料，前上方有九条龙，下方有八只凤，另一只凤更大一些，在后面。九条龙全是黄金的，九只凤全是点翠（以翠鸟的羽毛铺排而成）。九凤作展翅飞翔的状态，极富动感。且龙口和凤口都衔宝石珠滴，行走时，珠滴像步摇一样随步摇晃。

明·明神宗万历帝孝端皇后九龙九凤冠
作者摄于国家博物馆

明·明神宗万历帝孝端皇后九龙九凤冠（局部）
作者摄于国家博物馆

前面八只翠凤下，是三排以红蓝宝石为中心的珠宝钿，其间点缀着翠兰花叶。冠檐底部亦嵌宝石珠花。后面翼翅状的，叫"博鬓"。博鬓上嵌镂空金龙、珠花璎珞。

整个冠饰共镶嵌宝石115块，珍珠4414颗。造型庄重，工艺精美。在历代皇后凤冠中，堪称"低调的奢华"。该凤冠2002年被国家文物局列为首批64件（组）禁止出国（境）展览文物之一。

孝端皇后还有一件凤冠叫"六龙三凤冠"。

六龙三凤冠，通高35.5厘米，冠底直径约20厘米，总重2905克。冠顶有三条龙：正中一龙口衔珠宝滴，两侧飞龙口衔长长垂挂下来的珠宝串饰。冠后中部有三条龙，均作飞腾状。冠前上部为三只翠凤。中部为以红蓝宝石为饰的珠宝花树。下层的冠檐、冠口外沿一周嵌红蓝宝石，间饰珠花，里为金口圈。博鬓左右各三扇，插在金龙首内。

整个冠饰共嵌宝石128块，其中红宝石71块、蓝宝石57块。装饰珍珠5449颗。可谓华贵至极。

18. 不一样的母凭子贵

接下来要说万历皇帝的另一位皇后，即孝靖皇后。

是不是有点矛盾？我们前面说了，万历皇帝终生只有一位皇后——孝端皇后。孝端皇后 57 岁时崩逝，万历帝五天后病倒，三个月后亦随之而去。那，这个孝靖皇后从何而来？

孝靖皇后就是生育皇长子朱常洛的王恭妃，一个被卷进政治旋涡的苦命女人。

王恭妃原为慈宁宫宫女，万历九年（1581），17 岁的万历帝去慈宁宫向李太后（万历帝生母）请安，王氏当时 16 岁，在为万历帝端盆洗手时被皇帝临时起意临幸，不料却怀了孕。后生下一个男孩，他就是皇长子朱常洛。

孩子出生前，王氏被封恭妃，这是让孩子有个好出身。王恭妃第一次尝到母凭子贵的滋味。

从万历帝此后的表现看，此次怀孕实属一个他不愿接受的意外，万历帝不但不喜欢王恭妃，而且对皇长子朱常洛也百般嫌弃。嫌弃自己的长子，这在皇帝中还是比较少见的。万历帝真是个不一般的人啊，对自己的弟弟宠爱成那样，对自己的长子却嫌弃成这样。

当太后问起为何不立皇长子为太子时，万历帝轻蔑道："这位长子是都人（宫女）之子。"气得太后说："你也是都人之子。"但都人和都人不一样啊，有得宠的，有不得宠的。

如果仅仅是皇帝不喜欢，这母子俩至少是不受待见，只要没野心，日子还是能过得好的。但是，明眼人都知道，皇后一再流产后不是怀不上孩子了嘛，李太后和群臣就坚持要立皇长子为太子。这边逼得越急，万历帝那边就越是嫌弃冷落这对母子。

四年后，这种僵持变得尤为激烈。为何？万历帝宠爱的女人是郑氏，皇长子朱常洛四岁时，郑氏生下一个男孩，即皇三子朱常洵。这可把万历帝高兴坏了，郑氏由贵妃升为皇贵妃，地位仅次于皇后。

这下万历帝更不愿立皇长子朱常洛为太子了。大臣们呢，都认为万历帝是因专宠郑皇贵妃而想废长立幼。

李太后和群臣都支持立朱常洛为太子，可是万历帝不喜欢王恭妃母子，郑皇贵妃又总想立自己的儿子为太子。就这样，围绕太子的册立问题，大臣们与皇帝斗了整整十五年，期间发生很多事件，斗争暗流汹涌，大案迭起。历史上称为"国本之争"。

"国本之争"是万历一朝最激烈复杂的政治事件，共逼退首辅四人、部级官员十余人，涉及中央及地方官员三百多位，其中一百多人被罢官、解职、发配、廷杖。斗争之激烈可见一斑。

最后，在李太后的力主和群臣的劝谏下，万历帝迫不得已于万历二十九年（1601）十月，册立已经年满19岁的朱常洛为太子，同时封皇三子朱常洵为福王。王恭妃封号仍然没有变动。地位低于郑皇贵妃好几级。

儿子当了太子，但是王恭妃依然盼不到出头之日，她被幽禁在景阳宫，不能与儿子见面。直到5年后，太子生下儿子，即朱由校，当了奶奶的王恭妃才被晋封贵妃，同年封皇贵妃。

皇贵妃虽然尊贵，但此皇贵妃非彼皇贵妃。她仍被幽禁着，见不到儿子、孙子。在她身患重病时，万历帝也没去看望过她。

万历三十九年（1611）九月，46岁的她病危，终于盼到儿子前来。此时她已双目失明，看不见儿子。母子俩抱头痛哭，王氏悲愤而终。死后葬于天寿山陵区，坟园荒废，待遇仍旧凄凉。

9年后，万历帝驾崩。38岁的太子朱常洛继位。同年，朱常洛驾崩，其长子——16岁的朱由校继位，是为明熹宗。

孙子继位后，为奶奶抱不平，不但追封她为孝靖皇后，还将她从原墓中迁出，与万历皇帝及孝端皇后一并合葬定陵。两顶与皇后身份匹配的凤冠也一并配齐。

这才有了定陵考古发现的一皇二后以及四顶凤冠。

苦命的女人，母凭子贵，且儿子是太子，力道还不够，还得"凭孙贵"。但真正贵起来时，她早已撒手而去。

孝靖皇后的凤冠，一顶为"十二龙九凤冠"，一顶为"三龙二凤冠"。

十二龙九凤冠，总重2595克。上装饰12条龙和9只凤，金龙或昂首，或直立。有行走的，也有奔跑的，姿态各异。金龙下部则是呈飞翔姿态的翠凤。龙凤均口衔珠宝串饰。龙凤之间插饰翠云、翠叶。冠后面下部左右各嵌金龙首一个，龙口衔博鬓，左右各三扇。整个冠上共镶嵌宝石121块，珍珠3588颗。

三龙二凤冠，总重2165克。上有金龙三条，翠凤一对。三龙及二凤皆口衔珠宝结。后面左右各三扇博鬓。冠上共镶嵌了红、蓝宝石一共95块，珍珠3426颗。

这顶"三龙二凤冠"，如今陈列在故宫博物院的珍宝馆。2020年一个秋高气爽的日子，我一进珍宝馆就看到它，即使与众多的珠宝们放在一起，它仍然光彩夺目，一下就跳入眼帘。我呆看它好久，不禁感慨：一馆的珠宝，它们主人的命运可谓各不相同……从珍宝馆出来，坐在空旷的院子里，秋阳熠熠，大风阵阵吹过，天空里白云飘荡如鸾鸟成排翱翔，心里久久不能平静。

以上四顶凤冠，共镶嵌红、蓝宝石 459 枚，珍珠 16877 颗。

明·明神宗万历帝孝靖皇后三龙二凤冠
作者摄于故宫博物院

五、"崇宝"与"崇玉"

皇冠华贵无比，可惜明朝的江山自此倾颓。忽喇喇大厦倾，再无匡扶之力。万历后期，武将怕死，文官爱财，官绅阶层铺张浪费，醉生梦死。民不聊生，穷极思反。

万历帝死后仅仅 24 年，明朝被农民起义者李自成所灭。

继而李自成被清朝所灭。

明代皇室的传家宝哪里去了呢？

明皇室的宝石，皆是倾一国之力挑选的最好的宝石。一直到清代，宫廷首饰上的宝石，很多还是从明代首饰上拆下来重新镶嵌的。当然，在宝石的叫法上，鸦青、红亚姑、蜡子、映蓝、映（硬）红等渐渐消失，人们习惯于直呼红宝石、蓝宝石等。

从电视剧里我们也看到，清代宫廷王公贵族的服饰中有叫"顶戴花翎"的。某人犯事了，被押跪在朝堂上，皇帝一句"撤去顶戴花翎！"好，官位没了。这"顶戴花翎"中的顶戴，就是指冠顶（或叫帽顶）。前面我们说了，元代皇室十分热爱冠顶，明前中期的皇室依然热情不减。当然，明代冠顶与清代顶戴规制上是不一样的。

古代人对宝石的认识比较浅，分类主要靠颜色，红的就叫红宝石。所以红尖晶石、红石榴石、红碧玺甚至红琉璃都有可能被叫作红宝石。据记载，一顶康熙时期的随型花蕾朝冠帽顶，除镶嵌红宝石、蓝宝石外，玻璃也已经出现。当时优质玻璃是稀罕物，红蓝玻璃大概也被算为红蓝宝石了。梁慧多次说过，在国际古珠市场上，古代仿宝石的玻璃非常珍贵，价格并不比真正的宝石低。雍正朝后，随着大量外国传教士的加入，玻璃制造技术突飞猛进，按雍正谕令，帽顶开始大量使用玻璃。

当然，清代皇室的服饰，与明代有所不同。本文开头，我们从明成祖朱棣、明宣宗朱瞻基、明英宗朱祁镇的腰带讲起，如今故宫博物院珍宝馆有一副嵌珍珠红宝石带饰，带头嵌满小颗水滴形红宝石，呈菊花瓣放射状排列，中间一颗白珍珠。真是光彩夺目，华贵无比，颇有印度莫卧儿王朝的宫廷珠宝风。

清·铜镀金嵌珍珠红宝石带饰
作者摄于故宫博物院

　　故宫博物院珍宝馆还有一株红宝石梅花盆景，红宝石在灯光
映衬下，发出特有的光芒，熠熠生辉，看得人忘记今夕何夕。

　　这两处红宝石来自何处？不得而知了。总之，清皇室所用的
大量宝石中，相当一部分来自明代遗留。

　　再后来，清皇室也垮了。有些清宫廷里的宝物，或赏或卖，
或因军阀混战，流落到民间。民国时期至新中国成立后，有些首
饰厂和文物公司专门收取明、清代首饰，取下上面的宝石，重新
做成工艺品出口到欧美换取外汇。

　　我参加工作那会儿，人民银行还有金银制品加工厂，也收老
的首饰。据老工人们说，时而会收到凤冠之类。拿到手，上面的
宝石撬下来，金壳子往熔炉里一扔……

　　听得我们心痛不已。

　　有意思的是，明朝皇室，一个汉族皇室，传家宝是宝石。而
到了清代，一个满族皇室，竟然活生生将风气从"崇宝"带回"崇
玉"。乾隆皇帝是历史上有名的"玉痴"。

　　历史就这么有趣。

清·红宝石梅寿长春盆景
作者摄于故宫博物院

清皇室酷爱的朝珠

一、什么令我们想到朝珠？

1. 卡地亚的翡翠情结

每个人都有自己的信息脉络。

对于我来说，关注到朝珠，完全由一个八竿子打不着的人引起。

有部美国老片叫《金玉盟》，讲述公子哥尼基在渡轮上巧遇歌唱家泰莉，彼此仰慕，情愫暗生。船到终点时，他们约定，六个月后在纽约帝国大厦顶楼相见。

《金石盟》海报

半年后，泰莉在赶来的路上发生了车祸。尼基独自一人在帝国大厦等到天黑，伤心离去。圣诞夜，他们在歌剧院意外相遇，两人却都已有婚约对象。双脚残废的泰莉不愿拖累尼基，没有说出实情。但出于报复心态，演出结束后尼基出现在泰莉家里。两人唇枪舌剑之际，尼基记起曾有一个素未谋面的残疾女子被他的画深深打动，猛然推开泰莉的卧室，那张画就挂在墙壁上。一切真相大白。

当时，被尼基的翩翩风度迷倒，查到这个演员叫加里·格兰特（Cary Grant）。

加里·格兰特喜欢朝珠？不不不。迷上加里·格兰特后，自然要去了解他的生平。然后，发现他一生中共经过 5 次婚姻。

他第一次婚姻失败后，正值第二次世界大战爆发。加里·格兰特邂逅了连锁百货巨头伍尔沃斯的孙女芭芭拉·赫顿。此时的芭芭拉·赫顿，为和平奔走，积极参与捐赠，不仅美貌和富有，还善良、正义、慷慨，很快他们结婚了。

但随着战争结束，芭芭拉·赫顿也恢复了以前纸醉金迷的生活，围绕着她的是一些游手好闲的社会名流。他们的生活内容不再有交集，婚姻随之瓦解。加里·格兰特是芭芭拉·赫顿七任丈夫中唯一一个没有向她索要赡养费的。

绕了这么大一圈，你是说，芭芭拉·赫顿跟朝珠有关？

芭芭拉·赫顿有一串极负盛名的翡翠珠子项链。我第一次看到相关介绍时，说这条项链是晚清宫廷的朝珠分拆的。

加里·格兰特是芭芭拉·赫顿的第三任丈夫。而她的首次婚姻，对象是一位王子。

1933 年，芭芭拉·赫顿 20 岁，与格鲁吉亚的一位王子 Alexis Mdivani 成婚。她那百万富翁的父亲花 5 万美金买下一串翡翠项链，作为结婚礼物送给她。

翡翠项链共 27 颗珠子，珠子直径 15.3 毫米 ~19.2 毫米。一般人对珠子直径没有直观感觉，这样说吧，这 27 颗珠子，大小与葡萄差不多，在珠子中属于大尺寸。

翡翠珠子来自同一块原石，颗颗浑圆，气派非凡。色泽浓郁，质地超群。它们的色泽并非一般的翠绿色，而是有一汪泛着湖水

芭芭拉·赫顿与 Alexis Mdivani 的婚礼

般的蓝色，非常梦幻。

　　母亲早已去世，父亲的结婚礼物自然极具纪念价值。但婚礼上芭芭拉·赫顿并没有佩戴这串项链。为了声望，她佩戴的是一串珍珠项链，因为该项链曾为法国皇后玛丽·安托万特所拥有。

　　芭芭拉·赫顿直到一年后的 21 岁生日派对上才首次佩戴这串翡翠项链，将父亲给予的结婚礼物公开展示。

　　后来她在旧金山宝石专家的建议下，让当时较有实力的法国钟表及珠宝制造商卡地亚改制搭扣。芭芭拉·赫顿是当时世界上极负盛名的名媛加富豪，抓住她就等于抓住了上流富豪阶层的眼球。所以卡地亚精心对待这项定制，从当时珍贵的设计稿可见一斑。

法国皇后玛丽·安托万特

佩戴翡翠项链的芭芭拉·赫顿

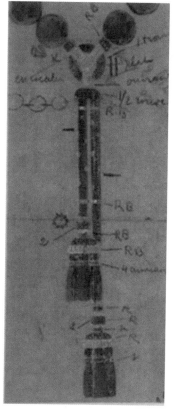

1934 年卡地亚为芭芭拉·赫顿
改制翡翠项链搭扣的设计图稿

卡地亚的设计是：搭扣由三个圆圈构成，搭在中心圈上。中心圈镶嵌有红宝石，并以细钻映衬。三个搭上来的扣，搭住部分为钻石镶嵌，出中心圈部分仍为红宝石镶嵌。如此一来，搭扣本身的美感协调统一。而整副搭扣采用大胆的红绿冲撞，既体现了东方情调，又以简洁的几何造型传达出西方审美，确实是经典之作。

按照这张设计图稿，翡翠项链的搭扣上还有长长垂挂的红宝石穗子。可惜的是，这两根红宝石穗子不知何时遗落了。

世界上的事总是难以十全十美。芭芭拉·赫顿的翡翠项链是完美了，但她的婚姻仅仅维持了两年，便宣告结束。

芭芭拉·赫顿睹物伤情，一次竟将这串翡翠项链大方地赠送给她的儿时好友路易莎（Losuise Van Ailen）。

后来路易莎也嫁入了 Mdivan 皇族（格鲁吉亚）。此项链在Mdivani 家族珍藏逾 50 年。1988 年，它首次现身拍卖场。最终以 200 万美元的天价成交，轰动一时，成为全球身价最高的翡翠首饰。

6 年后，即 1994 年，该项链再次在香港上拍，成交价飙升至 420 万美元，翻了一倍多，再次将翡翠首饰的身价推至另一高峰。

又过了 20 年，2014 年 4 月，在香港苏富比"瑰丽珠宝及翡翠首饰"春季拍卖会上，该项链经 7 名投标者历时 20 分钟逾40 口叫价竞投后，最终以 2.14 亿港元（含佣金）被一名电话投标者夺得，再次刷新翡翠首饰世界拍卖纪录。

据业内人士透露，拍走项链的买主正是卡地亚。想当初，卡地亚为此串翡翠珠链设计了红宝石镶钻搭扣，其简洁的几何形状和大胆的红绿颜色对比，惊艳了上流社会，充分证明他们在那个年代就已经掌握了东西方审美的精髓，是引导世界潮流的先行者。这个搭扣为他们在国际珠宝界赢得了声誉，在吸引有实力的顾客方面更是上了一个大台阶。这是卡地亚设计史上的一个点睛之笔，极其宝贵，所以必须不惜一切代价收入典藏。

卡地亚收藏的原为芭芭拉·赫顿的翡翠项链

兜兜转转 80 年，这串翡翠项链最终回到卡地亚手中，这次不再是高端客户定制，而是以主人身份收藏。

2. 何谓"非铁不买"？

那么，回过头来，我们再来看看这串翡翠项链的翡翠珠子到底从何而来。它们真的曾经是清朝宫廷的朝珠吗？

清末民初，政局动荡，部分宫廷珍品流落民间乃至海外。这些宫廷珍宝被重新设计成为各式珠宝的情形是较多的。但具体到芭芭拉·赫顿这条翡翠项链的来历，还有另一种说法。

当时的中国珠宝市场上，有句内行话叫：买珠宝"非铁不买"。意思是买珠宝一定得上铁宝亭那买。铁宝亭是谁呢？一奇人也。他是回族人，对珠宝鉴定有天赋，外表平平无奇，做起珠宝生意却胆大心细、有魄力，敢于收购高端珠宝，外号"翡翠大王"。他的客户有孔祥熙、宋子文、白崇禧、马鸿逵、顾维钧、周佛海等。

铁宝亭常年养着两名治玉高手。有一次，他买了一块翡翠原石，成色极佳，可惜一侧有疵点，大为减色。玉工奇思妙想，一点点剔出疵点，制成了一只精美绝伦的麻花翡翠手镯。该手镯以四万银元的价格卖给了上海青帮大佬杜月笙。在1927年宋美龄与蒋介石的婚礼上，杜月笙又将此手镯送给了宋美龄。宋美龄极爱这只翡翠手镯，在1997年其百岁诞辰晚会上，就戴着该手镯。

芭芭拉·赫顿不是1933年首婚的吗？翡翠项链是她爸爸送她的结婚礼物。而就在1930年前后，铁宝亭以天价购得两块翡翠石料，它们皆出自一块名为"蓝水绿"的缅甸产翡翠原石。

蓝水绿！前面我们说到过芭芭拉·赫顿的翡翠项链色泽并非一般的翠绿色，而是有一汪泛着湖水般的蓝色。

"蓝水绿"毫无瑕疵，质地绝伦，铁宝亭用其制作成一条由27颗葡萄粒大小翠珠串成的翡翠项链，当时估价5万美金，卖给了芭芭拉·赫顿的父亲。

翡翠项链的这个来源，倒也能自圆其说。到底孰是孰非，恐怕早已淹没在历史的尘埃里了。也是有趣，有时，反而越是淹没在历史尘埃里，越是增添神秘感。

但说到铁宝亭，倒是有明确的有关他和翡翠朝珠的渊源。

3. 朝珠为何一分为二？

还是从一个帅哥说起吧。

清朝垮台后，从北洋政权到民国年间，活跃着一位享誉世界的华人外交官，他就是顾维钧。

从 1912 年到 1967 年的五十多年间，顾维钧担任过无数的外交职务，如驻美大使、驻法大使、联合国首席代表、外交总长、海牙国际法院法官等。他本身便是这一时期中国的一部外交史。

早在芭芭拉·赫顿收到其父赠送的结婚礼物翡翠项链之前 13 年，即 1920 年，顾维钧正任国联（一战后成立的一个类似于联合国的组织）理事，此时与他情感笃深的妻子病逝已两年，经人介绍，与慕名前来的黄蕙兰相识。

黄蕙兰是"亚洲糖业大王"黄仲涵的女儿，黄家资产雄厚，富可敌国。黄惠兰精通法、英、荷等六种语言，天生富有交际才能。她成了顾维钧的第三任夫人。从 1920 年结婚，生子顾裕昌、顾福昌，到 1956 年离婚，她是陪伴顾维钧时间最长、对其事业付出最多的一位。

对了，与翡翠朝珠有关系的就是黄蕙兰。

根据民国十八年（1929）版的《故宫物品点查报告溥仪取物帐》，确有溥仪从养心殿中取走两盘翡翠朝珠的记录。其中一盘，就卖给了"翡翠大王"铁宝亭。

当时正值清末，国外列强张着大口扑向中国，国内军阀混战打得不可开交，清政权摇摇欲坠，皇亲国戚、王公贵族没有了往常的生活来源，常常要靠出售金银珠宝维持开销。而铁宝亭在业内颇具地位与口碑，不欺客，口风紧，所以他们往往通过他出售珍藏的瑰宝。

买到翡翠朝珠后，铁宝亭将这盘朝珠改制成两串翡翠珠链，出售给了黄仲涵。也许这个改制正是顾主黄仲涵的意思。黄仲涵一生女人无数，明媒正娶的妻是魏明娘，他自己承认的妾有 18

黄仲涵翡翠项链—大女儿黄琮兰款

位，实际远远不止这个数。他认的子女有四十多个。而其妻只生了两个女儿，即黄琮兰和黄蕙兰。

正室所出，虽为女儿，身份自是不同。

这同一盘朝珠分拆的两串翡翠项链，便给了黄琮兰和黄蕙兰。为给两条翡翠项链作一区别，我们暂且称其为"黄仲涵翡翠项链—大女儿黄琮兰款""黄仲涵翡翠项链—小女儿黄蕙兰款"。

这两串翡翠项链，后来怎么样了？

先来看"黄仲涵翡翠项链—大女儿黄琮兰款"：

数了下，共30颗珠子。咦？不对啊，朝珠是108颗，两串30颗才用去60颗，那余下的48颗呢？

余下的48颗，有几种可能：一是这盘翡翠朝珠质地不够好，将其中好的珠子挑出来，其他就低价处理了；二是这盘朝珠本身不足数，线断掉了珠子，或曾经选了珠子挪作他用；三是铁宝亭事先已将质地特别好的珠子挑出来，高价出手了……总之，到底什么缘故，事到如今也没处问了。

虽然同样出自铁宝亭之手，仔细观察这串翡翠项链，与芭芭拉·赫顿那串相比，差异还是挺大的：

（1）质地不透。芭芭拉·赫顿那串是玻璃种的通体透润，且毫无瑕疵。这串种地不够细腻，显然达不到玻璃种级别。

（2）颜色不匀。芭芭拉·赫顿的 27 颗珠子色泽均匀，几乎一模一样。这串细看 30 颗珠子各不相同，珠子两端或多或少都有一些白点，个别的白点占到近一半。

（3）大小不同。芭芭拉·赫顿的 27 颗珠子直径在 15.3 毫米 ~19.2 毫米，而这串直径为 13.32 毫米 ~13.44 毫米。如果对数据没有直观感受，可以参看佩戴效果图。

（4）气息有殊。芭芭拉·赫顿的翡翠项链有种令人屏息的美，你的感觉瞬间被聚焦，忘记自己身在何处，可谓一眼难忘。这串呢，你微微点头道：好东西。

虽然"黄仲涵翡翠项链—大女儿黄琼兰款"品质上达不到顶级级别，但毕竟是来自皇宫的东西，出身摆在那儿，不得不令人刮目相看。

黄琼兰想必也是看重这串翡翠项链的。1925 年，在她儿子与名门望族女子订婚时，她将这串翡翠项链作为订婚贺礼赠予儿媳。随后，这串项链一直被珍藏，在其家族流传六十多年。20 世纪 90 年代，黄琼兰的儿媳与世长辞，这串项链被其家人在纽约出售。

又过了 20 多年，2011 年，"黄仲涵翡翠项链—大女儿黄琼兰款"由北京保利以成交价 2300 万元人民币拍出。

接着，8 年后，离奇的事情发生了。2019 年 4 月 28 日 10 时至 2019 年 4 月 29 日 10 时，四川省内江市中级人民法院在淘宝网司法拍卖网络平台上进行公开拍卖，拍卖物中就包括"黄仲涵翡翠项链—大女儿黄琮兰款"。

　　拍卖标的物简介为："翡翠朝珠项链一串'黄仲涵项链'，L46厘米，30颗，珠径13.44~13.32毫米，认定价值2000万元。"且"已被扣押在案，现存放于中国工商银行内江分行保险柜"。翡翠珠链以1600万高价起拍，吸引近5000余人围观，在无一人出价的情况下流拍了。

　　不禁感慨，有身世的珠宝，本身会成为历史长河中的主角，连续剧一样一幕一幕演下去。

4. 远东最美丽的珍珠

回头再来看"黄仲涵翡翠项链—小女儿黄蕙兰款"。

　　黄蕙兰的翡翠情结，不知是否来源于这串父亲赠予的翡翠项链。黄蕙兰3岁那年，母亲不知该怎么宠她，居然送给她一条配有80克拉大钻石的金项链，直到保姆发现这条沉重的项链硌伤了孩子胸前的肌肤，母亲才将其收起来。但钻石，似乎并没有在黄蕙兰心中生根。

　　与顾维钧结婚后，黄蕙兰成了大使夫人。倚仗着富可敌国的家境、出色的语言能力、得体的着装，她在国际外交圈里左右逢源，如鱼得水，周旋于英国玛丽

佩戴翡翠项链的黄蕙兰

王太后、摩纳哥王妃、美国杜鲁门之妻等名人之间。

　　黄蕙兰对时尚有着天生的驾驭能力。当时的中国上流社会，女人们都热衷于穿法国衣料，中国绸缎被认为"老土"。黄蕙兰反其道而行之，选用老式绣花、丝绦、古色古香的绸缎，做成绣花单衫和金丝软缎长裤，风靡国际名媛圈。一些中国传统元素，如龙飞凤舞、飞檐斗拱等，作为精美的刺绣图案出现在旗袍上，旗袍开衩也从小腿到膝盖，再一路高到大腿。这种神秘精致的中国风让她在国际社交圈出尽了风头。她被外国使节公臣称为"远东最美丽的珍珠"。1920—1940年，美国《Vogue》杂志评选中国"最佳着装"女性，黄蕙兰力压群芳，摘得桂冠，可见她的着装引领了一时风潮。

黄蕙兰旗袍

身着旗袍的黄蕙兰

　　对于夫君顾维钧对她穿着的微词，她答道："我俩是中国的橱窗，很多人会根据我们的表现，来确定他们对中国的看法。"

　　当年，宋美龄曾说，黄蕙兰在顾维钧的外交生涯中起了重要作用。人们往往称叹于她的交际能力，却很少注意到她对塑造东方女性之美所做出的贡献。

　　是的，即使到了2015年，美国纽约大都会艺术博物馆举办主题为"中国：镜花水月"服饰大展时，一件旗袍仍格外亮眼，那就是黄蕙兰的旗袍。这件旗袍出品于1932年，1976年黄蕙兰将它赠送给纽约大都会艺术博物馆。

　　纽约大都会这次服饰展的艺术总监是著名导演王家卫，他导演的《花样年华》即以多姿多彩的旗袍著称。可见，即使时光流逝八十多年，时尚风潮一波波推过，黄蕙兰的品位还是稳稳击中王家卫的心。

　　我们看到，即使穿湖绿色为主调的旗袍，黄蕙兰也佩戴了双层的翡翠项链，双手各带两只翡翠手镯。

　　黄蕙兰认为，好的翡翠是她的脸面。她把翡翠的时尚之美带到了国际社交场合，让更多的国际珠宝设计师迷恋上了翡翠。国内国外，她所到之处，皆掀起翡翠风潮。

　　当时，与她同好翡翠的还有远东巨富沙逊家族的维克多·沙逊爵士。1931年，在上海举办的一次欢迎酒会上，黄蕙兰主动向维克多·沙逊提出赛宝，赌额为1000美金。结果，黄蕙兰赢了。1000美金被她收入囊中。

　　为黄蕙兰赢得这次赌局的是一枚核桃大小、纯净无瑕的翡翠青椒。黄蕙兰在自传《没有不散的筵席》中说到过这枚翡翠青椒。

这又是件皇宫里的宝贝。当年乾隆
皇帝盛宠香妃，香妃想吃青椒，但
北京气候寒冷，长不出来。于是乾
隆降旨特选最上等翡翠，雕制成青
椒模样，以慰香妃。后来这枚翡翠
被溥仪携带出宫，卖给了翡翠大王
铁宝亭。1926 年前后，铁宝亭受到
同行恶意攻讦，被北平市市长下令
拆除加高后的店铺，走投无路之时，
幸得黄蕙兰帮助，风波才得以平息。
出于感激，铁宝亭拿出这枚翡翠青
椒送给黄惠兰。

卡地亚档案馆藏翡翠青椒照片

　　黄蕙兰得到这枚宝贵的翡翠青
椒后，爱不释手，委托卡地亚配制了一个吊坠。根据卡地亚的档
案，那是一个重达 25 克拉的钻石吊坠扣。

　　黄蕙兰移居美国后，翡翠青椒曾被短暂出借给华盛顿史密森
尼博物院展出。在其晚年，这枚吊坠被保存在纽约的银行保险
柜中。但她去世后，翡翠青椒便湮没世间，再无踪影。以至于
2019 年 6 月 1 日至 7 月 31 日，卡地亚与故宫博物院联合举办"有
界之外——卡地亚·故宫博物院工艺与修复特展"时，该枚翡翠
青椒只能以一张照片示人。

　　回头说黄蕙兰的双层翡翠项链。她在多张重要留影中，行头
均是双层翡翠项链加双重翡翠手镯加旗袍，她认为，高贵的翡翠
首饰配合雍容华贵的旗袍，可谓相得益彰。

佩戴双层翡翠项链的黄蕙兰

这个典型的黄蕙兰搭配，或许源头是那四只翡翠手镯。这四只飘花翡翠手镯，其质地并不出众，与黄蕙兰众多的翡翠收藏相比，相形见绌。但是，这四只翡翠手镯是她丈夫顾维钧送给她的，因而弥足珍贵。

为了搭配双重翡翠手镯，翡翠项链必须是双层的。黄蕙兰的双层翡翠项链，是两串还是一串盘成双股？图片中看不出。如果是两串，会不会其中一串是"黄仲涵翡翠项链—小女儿黄蕙兰款"？以她的实力，要配一串差不多的翡翠项链易如反掌。

不得而知。公开信息显示，"黄仲涵翡翠项链—小女儿黄蕙兰款"，在她去世后半年，即 1994 年 5 月，由香港佳士得以 695 万港币拍出。

1956 年，因顾维钧另有所爱，63 岁的黄蕙兰不得不与 68 岁的顾维钧离婚。婚姻黯然收场，黄蕙兰独自离去。他们的结合，只是彼此的互相成全。顾维钧给黄蕙兰的舞台与荣耀，是任何男人都给不了的。黄蕙兰对顾维钧的帮助，也是任何女人都无法取代的。

离婚之后的黄蕙兰，搬到了美国纽约居住。1993 年 12 月，黄蕙兰在自己百岁寿辰当天离开了人世。她的翡翠藏品也因世事变迁和几番被盗，烟消云散。

美人离去，我们则刚刚开启清皇室的朝珠之旅。

二、中国历史上为何只有清朝官服上有朝珠？

5. 朝珠替代了笏

以前看戏文，现在看古装电视剧，我们已经习惯了群臣上朝时，双手执"笏"毕恭毕敬的样子。笏，是古时君臣朝见皇帝时手里拿的用以记事的板子。

《红楼梦》中《好了歌注》有言："陋室空堂，当年笏满床；衰草枯杨，曾为歌舞场。"

"满床笏"原出《旧唐书·崔神庆传》："开元中，神庆子琳等皆至大官，群从数十人，趋奏省闼。每岁时家宴，组佩辉映，以一榻置笏，重叠于其上。"后来，不知怎么被附会到唐朝大将郭子仪身上。说郭子仪六十大寿时，七子八婿皆来祝寿，因他们都是朝廷里的高官，能面见皇帝，所以手中皆有笏板。拜寿那日，笏板放满了一张床。

此事成为典故后，被画成画，编成戏剧，写入小说，在民间广泛流传。一直以来，借喻家门福禄昌盛、富贵寿考。

清朝也演《满床笏》，且从官场到民间，该戏都是重头戏。

明末清初·屈大均持笏画像
作者摄于国家博物馆

明·笏板
作者摄于国家博物馆

但是，现实版的清朝朝廷上，并不见笏板。看了这么多年的清宫戏，发现什么才是清朝朝廷上必不可少的东西了吗？

朝珠！

朝珠，是清朝所独有的官服佩饰。打开任何一部清宫剧，都可以在帝后、妃嫔和官员的身上看见它们的影子。朝珠到底代表了什么？为何中国历史上，偏偏只有清朝佩戴朝珠？

其实，只要不与"朝"联系在一起，仅仅就"珠"而言，我们是不陌生的。

那不就是佛珠嘛，寺庙里的僧人挂的。

这两者之间到底有没有关系呢？

6. 朝珠与佛珠有关系吗？

有的。

清朝统治者崛起于东北白山黑水之间的满族。众所周知，满族的主体信仰是萨满教。萨满教为何又用上佛珠呢？这还得从西藏新兴教派格鲁派说起。

格鲁派大致就是我们常说的黄教。

早在明朝中后期，西藏黄教开始向蒙古地区大规模传播和发展，并逐渐取代蒙古原有的萨满教而成为占主导地位的宗教。藏蒙宗教上的这种特殊联系，很快导致了二者在政治上的结合。即：宗教上，黄教的五世达赖成为蒙古各部的膜拜偶像和精神领袖；政治上，西藏则处于蒙古力量的保护和控制之下。

而在东北地区，由满族贵族建立的后金（即前清）势力正在迅速崛起、壮大，并呈向外发展之势。前清统治者的决策是：必须收服蒙古，联合并借助蒙古的力量来进取中原。

收服蒙古的手段有三：一是广泛与蒙古各部的王公们联姻，以此来加强和维系与满蒙贵族的政治联盟；二是大力扶持与尊崇藏传佛教（黄教），以笼络蒙古；三是利用蒙古各部间内部的矛盾，进行分化瓦解，对归顺者加官封爵。

这其中，宗教的力量居功至伟。而在满族，其主体宗教亦由萨满教转为黄教。

黄教当然投桃报李，为统治者唱赞歌。他们宣传"满洲"是梵文"曼珠"的转音，称清统治者为"曼殊室利"，即文殊菩萨。总之，宗教与政治两股力量就这么拧在一起并固定了下来。

黄教使用的一种宗教物品叫念珠，是诵经时用来计算次数的成串珠子。其实念珠在各种宗教里都有，只是成串的颗数不一样。如道教的念珠有 81 颗，代表太上老君八十一化；天主教的玫瑰念珠有 59 颗，用来念诵《圣母玫瑰经》。

佛教的念珠，以 1080 颗为最上品。但因为太长，只供极少数高僧和潜修者使用，或供名僧在大法会中作为装饰。一般使用

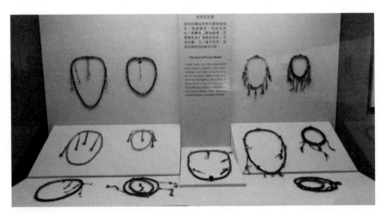

佛教念珠
作者摄于台北故宫博物院

108 颗，代表除灭 108 种烦恼。也有 54 颗、42 颗、27 颗、21 颗、14 颗等。另外，净土宗用 36 颗、禅宗用 18 颗。

满洲贵族十分喜爱这些经高僧作法祈福过的念珠，随身佩挂当作护身的吉祥物。明朝末期，朝鲜为侦探后金（即前清）军情，选派申忠一出使后金，他见到的努尔哈赤是什么形象呢？《建州

闻见录》记载："努酋手持念珠而数。"史料也有记载，早在努
尔哈赤、皇太极时期，就经常把佛珠赏赐给属下，各级官吏将领
也把佛珠当作礼品进贡。

7. 佛珠到朝珠的演变过程

　　从故宫博物院所收藏的清代帝后朝服像，可以完整地看出从
佛珠到朝珠的演变过程：

　　第一阶段：清朝最初的三位统治者努尔哈赤、皇太极和顺治
帝没有佩戴朝珠。但皇太极常服像中有手持红珊瑚佛珠的情景。

　　第二阶段：顺治帝虽然没有佩戴朝珠，但顺治帝的母亲孝庄
文皇后在晚年常服像中有佛珠，顺治帝的第二任皇后孝惠章皇后

清·努尔哈赤朝服像
故宫博物院藏

清·皇太极朝服像
故宫博物院藏

清·福临（顺治帝）朝服像
故宫博物院藏

则佩戴了佛珠。

　　第三阶段：自康熙帝以后，历代帝后朝服像均有朝珠。

清·皇太极常服像
故宫博物院藏

清·孝庄文皇后晚年常服像
故宫博物院藏

清·孝惠章皇后朝服像
故宫博物院藏

清·玄烨（康熙帝）朝服像
国家博物馆藏

清·胤禛（雍正帝）朝服像
故宫博物院藏

清·弘历（乾隆帝）朝服像
国家博物馆藏

　　清朝在 1644 年入关以后，服饰制度渐趋完备，将朝珠正式确定为冠服的一种配饰。从孝庄文太后的常服像中，可以看出她手持的佛珠与后来的朝珠基本一致了。

　　但朝珠的具体形制及等级，要到康熙帝时才最终确立。随后，乾隆二十八年（1763）编撰的《钦定大清会典》之中，将朝珠的制作和佩戴规范作了正式规定：皇帝、后妃、文官五品及武官四品以上，本人及妻室或儿女和军机处、侍卫、礼部、国子监、大常寺、光禄寺、鸿胪寺等所属官员穿着朝服时，才得挂用。朝珠按衣服的等级而有所不同，不能僭越。

　　如此，古代中国最独有特色的等级佩饰——朝珠，在历史舞台上亮相。

　　但从收藏于美国纽约大都会艺术博物馆的《清代文武官员品级图册》来看，后来五品武官也佩戴朝珠了。六品官员，无论文武，均不能佩戴朝珠。

此是五品文官白鷳補服

此是五品武官熊補服

此是六品文官鷺鷥補服

此是六品武官彪補服

清·文武官员品级图册
美国纽约大都会艺术博物馆藏

三、朝珠的结构

8. 朝珠的组成部分

提起朝珠，给人的印象除了 108 颗珠子，还有许多叮叮当当的东西。粗看不过一盘珠子，细看内容还挺复杂。

是的，小小一盘朝珠，竟然上升到国家礼制的高度，含义可大了去了。

我们先来看一盘朝珠的组成部分，以一盘清代的东珠朝珠为例。

其一，身子。每串朝珠的珠数都严格规定为 108 颗。佛珠的 108 是寓意消除 108 种烦恼。朝珠的 108 代表十二个月，二十四节气，七十二候。

清·东珠朝珠
作者摄于故宫博物院

其二，分珠，也叫结珠。3 颗分珠和 1 颗佛头将 108 颗珠子分为四部分，每段 27 颗。四部分寓意春、夏、秋、冬四季。一般来说，分珠的材质、色泽、大小宜一致。颗粒直径比朝珠大一倍左右。

其三，佛头。朝珠顶部的那颗有东西挂下来的珠子，叫佛头，俗语"三通"。佛头连缀一塔形"佛头塔"，其穿孔的方式为倒置的 T 字形，即把朝珠的两头各从对穿的孔的一头穿进，然后都从中间上部的孔中穿出，合二为一。这样一来，整串珠子看上去是个闭合的圆形。

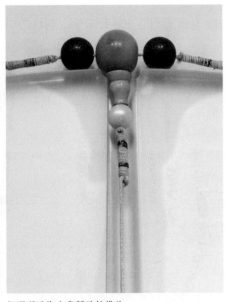

红珊瑚珠为本盘朝珠的分珠（或叫结珠）

红珊瑚珠为本盘朝珠的佛头（绿松石珠为佛头塔）

其四，绦带。串珠子的线从佛头塔拉出来后，上面要挂东西。两股线，大多时候再加入其他线编成绦带，用于系挂珠子。绦带的颜色不能乱用。明黄色只有皇帝、皇后和皇太后才能使用；全绿和金黄色是王爷所用；武四品、文五品及县、郡官用石青色。

其五，背云。绦带从佛头塔的顶端垂挂下来，中间有块扁扁的珠宝叫"背云"，寓意"一元复始"。戴的时候背云是放在脖子后边的，这样起到平衡作用，使朝珠戴起来不会左右移动。

绦带
作者摄于国家博物馆

其六，大坠。"背云"最下端缀有葫芦形或水滴形的坠子，叫"大坠"，或称"佛嘴"。

其七，纪念。分列佛头两边的珠子称为佛肩，佛肩两侧又有三串小珠串，每串10粒，珠子更小，材质亦不同，称为"纪念"。据说这三串纪念，代表上、中、下旬。共30颗小珠子，象征一

红宝石水滴形坠子为"大坠"

个月有30天。五天是一候，所以十颗珠子之间每五颗要打个结。

当然，后来又附会出许多说法。说纪念是三串，因此又称"三台"。三台，分别是：尚书为中台，御史为宪台，谒者为外台。又一说是天子有三台，即观天象的灵台，观四时施化的时台，观鸟兽鱼龟的囿台。总之，越来越高大上。

两串绿松石珠为"纪念"

仔细看下面这两盘朝珠，会发现纪念的挂法不同。三串纪念，左边的"红宝石朝珠"，左两串右一串。而右边的"凤眼菩提带珠饰朝珠"，则是左一串右两串。

有区别吗？有。男女有别，两串在左者为男，两串在右者为女。男尊女卑，左为尊，所以男的两串纪念在左。

清·红宝石朝珠
故宫博物院藏

清·凤眼菩提带珠饰朝珠
故宫博物院藏

其八：小坠。纪念下端垂一个小坠子，叫"小坠"，也称"坠角"。小坠与大坠形状相似，大小不同。材质可同可不同。

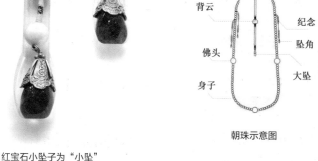

朝珠示意图

红宝石小坠子为"小坠"

9. 朝珠的佩戴方式

朝珠备挂时以佛头紧贴后颈与后脑相垂直，前胸出现的三颗佛头作中心对称，后背的"背云"紧靠后背心。

男子佩戴朝珠，任何场合都只佩戴一盘。女子则不同，有时佩戴一盘，有时佩戴三盘。穿着吉服参加祈谷、先蚕等古礼，只需佩戴一盘朝珠。若遇重大朝会，如祭祀先帝、接受册封等时，则要穿朝服，佩挂三盘朝珠。

三盘朝珠？有人瞪大眼睛了，这三盘叠戴在一起，不是很乱吗？不会。一盘佩于颈间，另外两盘由肩至肋交叉于胸前。可以参看故宫博物院的乾隆帝及孝贤皇后朝服像示意图。

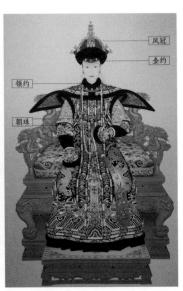

清·乾隆帝及孝贤皇后朝服像示意图
作者摄于故宫博物院

关于朝珠的佩戴，不仅男女数量不一样，不同场合佩戴的朝珠的质地也不一样。比如：帝后们祭天时要佩戴青金石，青金石色相如天，祈求风调雨顺，大降祥瑞；祭地用琥珀蜜蜡，琥珀蜜蜡色泽偏橙黄，象征土地丰收，祈祷五谷丰登，国泰民安；祭日时佩戴红珊瑚，红珊瑚颜色红艳，似太阳之光辉，表示天子社稷，与日同辉；祭月用绿松石，绿松石的蓝绿之色，象征月华，期盼月圆人安，万物安稳。

朝珠的实物，我们在大陆没有接触到具体的，但在台湾见到过传家的带原装盒子的朝珠。

台湾藏家愿意拿出来卖的朝珠，大多是七零八落的。他们卖的方式也很有意思。一开始是卖这个朝珠的盒子，盒子都非常贵，那种锦盒一个要卖到人民币几万元；接下来是卖小配件，比如小坠子、纪念上的小珠子。但即使每一个坠头坠角都是很珍贵的，从材质到工艺均是一流的，可以卖大价钱；最后卖朝珠主体珠子。因为108颗不齐了，他们就凑成54颗或36颗做项链。前面所说的铁宝亭将一盘翡翠朝珠改制成两串翡翠珠链，出售给了黄仲涵，两串翡翠项链共60颗珠子，可能就是这个情况。再余下来的，可做十八子手串。如果还有余下的，可用来配各种多宝串。

青金石、红珊瑚、蜜蜡琥珀、绿松石，朝珠五颜六色，个个是何种样子？接下来，你最感兴趣的或许是材质吧？那么，我们按材质来梳理一下美轮美奂的朝珠。

四、各种材质的朝珠

10. 最尊贵的东珠朝珠

所有的朝珠中，最为尊贵的是东珠朝珠。

大家熟悉的大贪官和珅，他所聚敛的财富，约值8~11亿两白银，超过了清朝政府15年财政收入的总和。我们在故宫博物院所看到的古董钟、瓷器、名画、珍宝等，有一部分就来自他的收藏。嘉庆皇帝诏布他犯下了二十条罪状，其中大罪第十五为："家内所藏珍宝，内珍珠手串，竟有二百余串，较之大内多至数倍，并有大珠，较御用冠顶尤大。"大罪第十六为："所藏真宝石顶有数十余个，而整块大宝石不计其数，且有内府所无者。"

有人就不明白了。珍珠难道比宝石还尊贵？

某样东西尊不尊贵，除了世俗认同的价值外，还与当时统治者的推崇密切相关。

东珠，即产自我国东北黑龙江、乌苏里江、鸭绿江等流域的野生河珠，也被称为北珠。因东北是满族的发祥地，其特产东珠便受到格外珍爱。虽然东珠在色泽和形状上都不如南珠（南洋珍珠），但因为诞生于龙兴之地，便拥有了最高贵的身份。这里面饱含清朝统治者对发祥地和祖先的尊崇及对本民族传统文化的秉承之意。

东珠本身也确实够美丽。它们硕大饱满、圆润晶莹，能散发出五彩光泽。用东珠制成的首饰，光彩熠熠，尽显高贵奢华。但东珠的采捕十分艰难。我们在前面北宋篇中曾说到采捕珍珠之艰难，到了清代，东珠一跃而成为最珍贵的贡品，这对东珠来说，既是荣耀也是灾难。

东珠的珠蚌大多深居水底，要达到贡品的规格，直径必须达到八分以上，在珠蚌之中需要生长三年以上的时间。清朝前期竭泽而渔式的采捕，导致东珠资源越来越少。后来，只有在皇室大婚、万寿庆典、帝王加冕或者后妃册封之时，皇帝才下旨准许采捕东珠。

私自采捕东珠，后果严重，即便是奉旨采珠，乾隆帝曾下令，采珠之人如若私藏珍珠不交给管理的官员，无论东珠的数量多少，大小如何，一律杖责一百流放三千里，如果是旗人的话则直接削除旗籍。

有人这样形容松花江采珠：水师营会准备数百艘采珠船只，

派遣人员一千多人，花费近两万两白银，从乌拉山出发直至长白山脚下，一共数千里，有数百条支流，每一条支流都要搜索一遍。因为珠蚌实在太过稀有，往往搜遍数条河流都得不到一粒合格的贡珠。

正因东珠如此高贵又如此难得，一盘东珠朝珠，动辄需要至少108颗，且颗颗大小一致、形状匀称，取珠的艰难可想而知。因此，清朝典章制度规定，东珠朝珠只有皇帝、皇太后和皇后才能佩戴。其他人，即使贵为皇子、亲王，也不得使用。在故宫博物院现存的大量朝珠藏品中，东珠朝珠仅5件，可见其稀罕程度。

《清史稿》记载，后宫的皇太后、皇后、嫔妃等，佩戴的朝珠也有差别。皇太后、皇后朝服佩戴朝珠三盘，正面悬挂的是东珠，左右斜跨的是珊瑚。而皇后以下，所有的妃嫔按等级都有相应的佩戴规定。皇贵妃、贵妃、妃朝服佩戴朝珠三盘，正面悬挂蜜珀，左右两盘珊瑚。嫔、皇子福晋、亲王福晋、固伦公主、和硕公主、亲王世子福晋、郡王福晋佩戴珊瑚一盘，蜜珀两盘。

这样一说，可能会有人提出一个疑问：古装剧《延禧攻略》以道具高度还原历史著称，但女主角令妃朝服上正中佩戴的朝珠是白色的东珠，而不是妃子该佩戴的黄色蜜珀。是剧组搞错了吗？

不是剧组搞错了，而是历史上的令妃确实越制了。

一个女人是否受宠，是否高贵，就体现在这些无声的细节中。用不着颐指气使，用不着狐假虎威，一串朝珠的颜色，已经说明一切。

历史上这个越制的史实，既有画像记载，也有文字记载。

这几年，随着纪录片《我在故宫修文物》的热播，有一幅画也广为大家所熟知。这幅画就是《崇庆皇太后八旬万寿图》。这是乾隆为母亲崇庆皇太后祝八十大寿的场景，人物众多，色彩丰富。画幅也很大，纵 199.5 厘米，横 232.5 厘米。在纪录片中，我们看到该画从残损甚至呈碎片状，经文保专家认真仔细修复，一步步重获荣光的过程。

在《崇庆皇太后八旬万寿图》中，画面右边，最靠近皇太后的那个即为令妃。当然，此时她的身份已是令皇贵妃，在后宫位居第一。再过两年，她的儿子颙琰（即后来的嘉庆皇帝）就要被乾隆帝秘密立为太子。

画中明显可以看出，令皇贵妃正中佩戴的是一盘白色的东珠朝珠。也就是说，她此时名分是皇贵妃，但实际享受的是皇后待遇。

令妃包衣出身，入宫时应是个宫女。但此女子情商极高，马上就得到了乾隆帝的青睐。从贵人到妃，只用了三年时间。乾隆好出游，她总被点名随驾出巡。随驾途中有时就怀上了孩子。即便身怀六甲，乾隆帝还是会将她接去同游。令妃一共生过六个孩子，是乾隆后宫中生孩子最多的。且从乾隆二十二年（1757）开始，后宫中基本只有令妃一个人在生育了。可见她的受宠程度。

清·《崇庆皇太后八旬万寿图》（局部）
故宫博物院藏

清·令妃画像
美国克利夫兰艺术博物馆藏

为这样一个女人破例，别人也不敢多说什么。

如果你认为画像由于年久失修，证据不足，那么还有文字言之凿凿。在清宫档案《令懿皇贵妃部分遗物清单》里，记载了她拥有皇后才能有的东珠朝珠。

乾隆四十年（1775），皇贵妃薨逝。此时离她儿子做皇帝还有 20 年。皇贵妃所遗之物如下：

东珠朝珠一盘

珊瑚朝珠一盘　珊瑚朝珠一盘

珊瑚朝珠一盘　碧玉朝珠一盘

白玉朝珠一盘　白玉朝珠一盘

……

在清代皇室，女人受宠越制用东珠的，不止令妃一个。再说个大家熟悉的。

谁？兰贵人，即后来的慈禧太后。

慈禧有一对镶嵌小东珠的耳环。这副小小的耳环，以慈禧后来权倾天下来看，实在太不起眼了。但慈禧对其的珍爱之情非同一般，直到去世还陪她一起葬入清东陵。

据宫中太监所言，这对耳环是慈禧入宫之初，咸丰皇帝特意赏给她的。重点是，越制赏给她的。

按照祖制，从皇后到妃，再到嫔，使用东珠的数量是逐渐减少的，最后一级可以享用东珠的就是嫔。嫔以下的贵人、常在、答应，是不能享用东珠的。

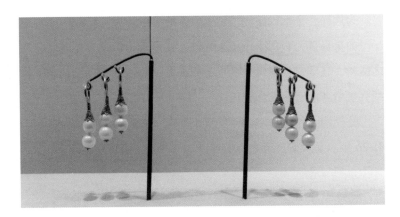

清·**东珠耳饰**
作者摄于国家博物馆

咸丰二年（1852），十七岁的叶赫那拉氏被选秀入宫，赐号兰贵人。兰贵人是没有资格使用东珠的。咸丰皇帝赏给她东珠耳环，那不只是宠爱，还是一种要"提拔她"的许诺，而且是冒着违反祖宗礼法的宠爱与许诺。足以见得兰贵人的特殊地位。

好了，说了这么多，让我们来欣赏这盘大清第三位皇帝顺治的东珠朝珠。该朝珠现藏于故宫博物院。

前面我们说过，顺治帝的朝服像并没有佩戴朝珠，但他的第二任皇后孝惠章皇后的朝服像已经佩戴了朝珠。

顺治帝朝服像没有佩戴朝珠，不等于他没有朝珠。他有朝珠，首先要拥有的，一定是东珠朝珠。

他的东珠朝珠，品质一定是一流的。一来，他是入关后的第一位皇帝，对东北祖先的标识尤为重视和强调。来自故乡母亲河里的珍珠，既寄托了对摇篮地的感念，也抒发了对立国创业的自

清·东珠朝珠（顺治帝）
作者摄于故宫博物院

豪；二来，那时东珠还未被钦定为"国宝"，资源尚且充足。

顺治帝的朝珠，由 108 颗东珠组成，以四颗大红珊瑚结珠等分，红珊瑚结珠两侧均有小一点的青金石衬托，青金石共 8 粒。其中一颗红珊瑚结珠即佛头（三通），连接绿松石佛塔。

佛塔以黄绦连接出来，接上背云。背云中间有颗大大的金镶猫眼石，金镶猫眼石两头以红珊瑚蝙蝠相衬。红珊瑚蝙蝠外亦为东珠。背云下端坠以大坠。大坠为红宝石，红宝石上端以金累丝为托。大坠上系东珠一颗。

有纪念三串，左二右一，男人款。每串穿绿松石 10 颗，小坠角亦为金托红宝石，上系东珠。

我在故宫博物院珍宝馆仔细观看这盘朝珠时，边上一直有人群在流动。大多驻足者发出的赞叹是："配得真好看啊！"后来我发现他们所说的好看，仅仅指颜色。因为很少有人能认出所有配珠的材质，红的是啥绿的是啥，都在乱猜。

这盘朝珠的配珠并非随意而为，每样均具有深刻寓意。结珠红珊瑚，象征日；红珊瑚两侧的伴珠青金石，象征天；纪念选用绿松石，象征月；佛头红珊瑚搭配佛塔绿松石，象征日月同辉；背云上的金镶猫眼石和黄丝绦，象征地。天地日月的四色齐备，集于一身，充分表达了皇帝天人合一之最高境界，具备"君权神授"之神圣感，彰显着其地位的至尊、其权威的至高无上。

因此，后面的东珠朝珠在搭配上基本脱不开这个模式，也不能脱开这个模式。

2010 年 4 月的香港苏富比春拍，一串清雍正御制东珠朝珠，估价 800 万至 1200 万港元。没想到拍卖现场掀起激烈竞投，10

分钟内叫价 61 次，最终以 6000 万港元的成交价，一举成为当时最昂贵的朝珠！

这盘东珠朝珠周长 134 厘米，主体由 108 颗圆润晶莹的东珠组成，结珠为红珊瑚，结珠的伴珠为青金石，佛头为红珊瑚，佛塔为绿松石。背云系带为明黄色绦带，中间是椭圆形金累丝嵌金绿宝石，上下各有红珊瑚蝙蝠相衬，大坠为金累丝托红宝石坠角。纪念 3 小串，由绿松石组成，每串 10 颗，小坠亦均为金累丝托红宝石坠角。

看，形制与顺治帝的几乎一模一样。

11. 青金石朝珠

前面说过，青金石朝珠是帝后们祭天时所佩戴的。

青金石产于阿富汗，颜色深蓝，宛如湛蓝深邃的天空。因色相如天，自古以来，无论是埃及法老、两河流域的帝王，还是华夏皇帝，无不用青金石来祭祀上天，祈祷上苍风调雨顺、哺育万物。

皇帝自称"天子"。天之子，对祭天自然看得格外庄重。通过祭天，皇帝与"天"取得沟通，聆听天的旨意，并替天下子民祈求天的庇佑。

周代祭天的正祭是每年冬至，因此，统治者"冬至祭天"作为传统延续下来。首都北京的天坛是世界上最大的祭天建筑群。古人认为天圆地方，所以天坛的主建筑是圆形的，天坛的琉璃瓦是青色的。

清·青金石朝珠
作者摄于国家博物馆

　　每到冬至，清朝皇帝身穿青色衮服，头戴熏貂皮冠，颈佩青金石朝珠，到天坛祭祀，表示对青天的虔诚。

　　来看一盘乾隆帝佩戴过的青金石朝珠。

　　这盘青金石朝珠，主体由 108 颗正圆形青金石组成。结珠与佛头均为紫水晶。三串纪念是小颗红珊瑚。背云和大坠亦是紫水晶。

　　祭天，青金石象征天，红珊瑚象征日，主题分外突出。

　　青金石朝珠也有拍卖纪录。2008 年 6 月，广州嘉德曾拍出一盘青金石朝珠，成交价为人民币 24640 元。

12. 红珊瑚朝珠

　　说起红珊瑚朝珠，从前面所列示的画像中我们已不陌生。皇太极常服像中有手持红珊瑚佛珠，孝庄文皇后晚年常服像也是手持红珊瑚佛珠。顺治的皇后孝惠章皇后朝服像左右斜挎的是红珊瑚朝珠。康熙帝朝服像佩戴的也是红珊瑚朝珠。

　　前面我们说过乾隆皇帝的令妃（孝仪纯皇后）破格佩戴东珠朝珠一事，现在来看看她儿子做皇帝后，追封她为乾隆的皇后，后人画的皇后画像中，所佩戴的正中一盘东珠朝珠、左右斜挎两盘红珊瑚朝珠。再来看年老的康熙帝佩戴红珊瑚朝珠的朝服像。

清·孝仪纯皇后朝服像
作者摄于国家博物馆

清·康熙帝朝服像（局部）
作者摄于国家博物馆

为何皇族成员如此钟爱红珊瑚朝珠？

红珊瑚生长在海底几百米甚至几千米以下，属于有机宝石。

它们的生长对温度、光线及海水的扰动等周边环境都有极其苛刻的要求，所以生长十分缓慢，每10年才会长高1厘米左右。它们是海洋中的千年生灵，形状很像蓬莱仙山的仙物。古时红珊瑚的采捕十分不易，必须提前几年就将铁网放下去，珊瑚生长时，枝丫从铁网中伸出来，等到几年后珊瑚变成红色，再拉起铁网。

美丽、稀缺、寓意好，使红珊瑚自古以来就被人们视为珍宝。红珊瑚备受高贵权势的青睐，在宝物中具有崇高的地位。

红珊瑚的密度没有宝石大，也没有璀璨夺目的光彩，但它温婉内敛，质朴含蓄，一点儿也不张扬，让人赏心悦目。红珊瑚的

清·红珊瑚盆景
作者摄于故宫博物院

清·红珊瑚魁星点斗盆景
作者摄于台北故宫博物院

颜色是一种生动的红色，不管是浅是深，它都鲜活而灵动，非常符合东方人的审美。

我国从古至今对红色格外喜爱，认为红色能趋吉避凶、消灾免祸、驱邪护身。在我国蒙古族、藏族等游牧民族中，红珊瑚也一直被当作消灾避难、祈福护身的吉祥物。

此外，红珊瑚也是佛教七宝之一，被佛教徒认为是佛祖化身。他们认为红珊瑚能够促进修行，开启灵智。因此，红珊瑚很早便被用来制成念珠或者点缀佛像。

因此，红珊瑚朝珠得到清朝皇室的推崇就不足为怪了。

2020年"妙合神形——中国国家博物馆藏明清肖像画展"中，有一幅清代黄增的《退食寻乐图卷》，明显可见窗内几案上摆着一盘红珊瑚朝珠。

清·退食寻乐图卷（局部）
作者摄于国家博物馆

清初诗人吴伟业写的《古意六首》中的最后一首写道："珍珠十斛买琵琶，金谷堂深护绛纱。掌上珊瑚怜不得，却教移作上阳花。"再美的珊瑚玉树，纵然你怀在心间，护在掌上，也终究会移入宫室里，养作向阳的花朵。

吴伟业的这句"掌上珊瑚怜不得，却教移作上阳花"被清宫古装剧《甄嬛传》运用得恰到好处。

《甄嬛传》可谓用足了红珊瑚的戏份。

甄嬛得知自己不过是纯元皇后的一个替身，毅然离开了皇宫，选择到甘露寺为尼。但虎落平阳被犬欺，她在甘露寺受尽凌辱，果郡王前去照顾生病的甄嬛，两人情感爆发。接着果郡王去办公差，途中被袭，甄嬛以为果郡王死了，她为了家族利益和腹中果郡王的孩子，决定回宫。

甄嬛回宫后，大受皇帝宠爱，晋升为熹贵妃。不料果郡王好端端地回来了。两人相见相望却不能相亲。在双生子的满月礼上，送贺礼的人络绎不绝。果郡王送的便是一串红珊瑚手串。甄嬛手握手串，百感交集，嘴里念出的便是"掌上珊瑚怜不得，却教移作上阳花"。

皇帝的另一个女人宁嫔，也暗中倾慕果郡王。见果郡王对甄嬛用情至深，而甄嬛却竭力讨好皇上，为果郡王愤愤不平，进而要刺杀甄嬛。当宁嫔手起刀落要行刺时，猛然发现甄嬛手上戴着的红珊瑚手串。她认出这是果郡王从南海求得的心爱之物，便不忍心去伤果郡王的心。生死一线时，红珊瑚手串救了甄嬛一命。

甄嬛扳倒皇后最关键的时刻，也是借用了一棵美轮美奂的红珊瑚树。因为红珊瑚树过于珍奇，所以要把全后宫的人都招来观赏，皇后再怎么防范她，也不得不来。结果，甄嬛使计让自己流产，并把流产的责任推给皇后。

说回红珊瑚朝珠。

红珊瑚朝珠的搭配，基本有两种：一是红珊瑚 108 颗加 4 颗青金石结珠加 3 串绿松石纪念；二是红珊瑚 108 颗加 4 颗绿松石结珠加 3 串青金石纪念。红珊瑚与青金石是"天与日"的搭配，而红珊瑚与绿松石是"日与月"的搭配。

总之，红珊瑚朝珠无论怎么搭配，整盘朝珠都显得非常喜气、明艳动人。

13. 蜜珀朝珠

所谓"蜜珀朝珠"，是指以蜜蜡、琥珀为主体的朝珠。

蜜蜡、琥珀同是史前针叶植物脂液的化石。不透明的叫蜜蜡，透明的叫琥珀。蜜蜡、琥珀有多种颜色，最常见的是黄色。

因黄色是大地的颜色，所以皇室祭祀大地、祈求丰收时，要佩戴黄色的蜜珀朝珠。

按照《大清会典》，自皇帝、后妃到文官五品、武官四品以上，皆可配挂朝珠，但品级以下官员和百姓是不能佩戴朝珠的。

甚至于能佩戴何种质地的朝珠，也有严格的区分和等级规定。大致如下：

清·琥珀朝珠
台北故宫博物院藏

（1）皇贵妃、贵妃、妃朝服朝珠三盘、蜜珀一、珊瑚二，吉服朝珠一盘，明黄绦。

（2）嫔朝服朝珠三盘、珊瑚一、蜜珀二，吉服朝珠一盘，金黄绦。

（3）皇子、亲王、亲王世子、郡王，朝珠不得用东珠，余随所用，金黄绦。

（4）皇子福晋朝服朝珠三盘，珊瑚一、蜜珀二，吉服朝珠一盘，金黄绦。

（5）贝勒、贝子、镇国公、辅国公朝珠，不得用东珠，余随所用，石青绦。

（6）亲王福晋、世子福晋、郡王福晋均同。贝勒夫人、贝子夫人、镇国公夫人、辅国公夫人石青绦。

（7）内廷行走人员不分品级均可用朝珠。

（8）民公、侯、伯、子、男朝珠，珊瑚、青金石、绿松石、蜜珀随所用，石青绦。

（9）品官文五品、武四品以上，命妇五品以上，及京堂翰詹、科道、侍卫均可用朝珠，以杂宝及诸香为之。

（10）礼部主事，太常寺博士、典簿、读祝官、赞礼郎，鸿胪寺鸣赞，光禄寺署正、署丞、典簿、国子监监丞、博士、助教、学正、学录，在庙坛执事及殿廷侍仪时准用朝珠，平时及在公署则不许用。

到了清朝后期，以上制度逐渐放松，开始时五品武官也能佩戴朝珠，到晚清时连捐纳为科中书（从七品）者也挂朝珠。

从以上规定可看出，只要是能佩戴朝珠的，除东珠朝珠不能用以外，其余材质不限，可以自主。

但朝珠珠子的大小，也有讲究。官员觐见皇帝时必须伏地跪拜，只要朝珠碰地，即可代替额头触地。朝珠的直径越大，珠串就越长，佩挂者俯首叩头的幅度就可减小，这可以说是皇上的一种特殊恩赐。

有意思的是，朝廷规定了有关朝珠的种种，朝珠却是要官员们自己准备的。这样一来，官员们争相在自己的朝珠上下足功夫。朝珠不仅是官服的一部分，也成了他们暗自较劲、炫耀家底的身份标识。

家底厚实的大臣，佩戴着奢华的朝珠，志得意满。而一些家境贫寒的大臣，只能佩戴廉价的朝珠，如一般的菩提子朝珠等。在台北，我们也曾见过一些等级不高的朝珠，配件也挺敷衍了事的。推测可能是国运衰落后一些家境贫寒的官员所用。

有一位后来名震朝野的大臣，当时竟然只能去买一盘作假的朝珠来佩戴。他，就是大名鼎鼎的曾国藩。

曾国藩于28岁那年中进士，入翰林院，踏上仕途之路。33岁时，道光帝钦命他为四川乡试正考官。

此时他在翰林院已经混了五年。从翰林院庶吉士升为授翰林院检讨。翰林院是个什么来头呢？相当于现在中央办公厅的秘书班子。官衔有大有小，最大的可进入政治局，小的相当于司局级、处级或科级。

曾国藩的翰林院检讨，从七品，相当于现在的副处长。

晚清的一个京城副处长，为了争取到乡试正考官这个机会，也是狠下了一番功夫的。现在机会到手了，但他也备受煎熬。为什么？

一个字：穷。

从七品的俸禄标准为年俸45两银子、禄米45斛。曾国藩老家家底也不厚，在京城生活，开销不是一般的大，光是官场上的迎来送往就需要很多银子。曾国藩算了一笔账："计京官用度，即十分刻苦，日须一金，岁有三百余金，始能勉强自给。"京官省吃俭用，每天需要1两银子，一年下来最低也要300多两银子。而年俸只有45两银子外加禄米45斛。所以曾国藩有些时候还不得不借钱度日。

就在上一年，他的仆人陈升，嫌弃主人家太穷，跟主人吵了一架就卷铺盖另寻高枝去了。事情虽小，给曾国藩的刺激却很大。曾国藩为此写下《傲奴》："今我何为独不然？胸中无学手无钱。平生意气自许颇，谁知傲奴乃过我。"

这下要出差去四川，翰林的体统总要维持的吧，他曾国藩是一个要面子的人。在采购行李时，思之再三还是要买一盘蜜蜡朝珠。但在采购单子上他特别备注了四个字：要买假的。他在出京前，还交代仆人买一个"小戥子"（即小秤），用于称量路上地方官员所送银子的重量。

不知那盘假蜜蜡朝珠价值几何？

说到假朝珠，前些年又兴盛过。曾国藩买的假朝珠是买卖双方都知道是假的，卖者报的是假朝珠的价，买者花的是假朝珠的钱。前些年则是假朝珠当作真朝珠来卖。

比如，有一些外籍华人，他们通过国内的一些古董商卖朝珠，或卖朝珠零部件。翡翠珠子、水晶珠子等，一颗一颗直径都挺大，包括佛头、背云、结珠，一套一套的卖，非常贵，但基本上都是用品质不高的材质扩成大孔，在孔内抛光做成的。

假蜜蜡朝珠最多，真是古今相通啊。新的蜜蜡，来自缅甸或者波罗的海。做珠子前本就经过去除杂质等处理。珠子做好后，孔道里面放入金属电缆线，加热，让珠子出现开片现象，粗看像是老蜜蜡珠子，用于模仿老蜜蜡朝珠。这种量挺大的。

经常仿冒的还有琉璃珠。我们曾经见过清皇宫里的蓝琉璃珠，纯度非常高，几乎没有杂质，打灯看它的颜色非常均匀，很漂亮。这种蓝琉璃不是轻飘飘的，压手感很强。但仿冒的琉璃，没压手感，是用新的琉璃放进高锰酸钾泡过，冒充清代琉璃来出售。

甚至连放朝珠的锦盒也有专门仿制的。清代的朝珠锦盒，中间有个大凹槽，朝珠就放在凹槽里面。仿制的锦盒，有个弯曲凹槽，也是批量生产的。

14. 绿松石、翡翠朝珠

绿松石在蒙藏文化中占有重要地位。如果要把一个人打扮成蒙古族人或藏族人，最有效的办法是让其佩戴的饰品、随身携带的日常用品中，加入一点绿松石元素。

绿松石为何会获得游牧民族如此的爱宠呢？这与它的几个特性有关：

（1）颜色引人注目。绿松石是铜和铝的磷酸盐矿物集合体，最多呈现的是蔚蓝色，也有淡蓝、蓝绿、绿、浅绿、黄绿、灰绿、苍白等颜色。在天苍苍、地茫茫的草原，绿松石的颜色非常能吸引眼球，往往很远就能被发现。且绿色使人的眼睛感觉放松、舒适，不由得不让人喜爱。

（2）具有灵性。据说，绿松石能起到预示疾病的作用。古代大巫或巫医往往能从你随身佩戴的绿松石，看出你身体的毛病或不适。这是如何看出来的呢？绿松石有较多的孔隙发育，毛细孔多，外界物质容易入侵，渗透性较强。佩戴时间长了，人体本身的分泌物也会侵入绿松石内部。身体健康时，人体分泌的油脂里各方面酸碱值是平衡的，绿松石就会越养越润。反之，颜色就会因吸收酸碱值失衡的油脂变得暗淡无光。

（3）易于加工。绿松石的硬度大致为 3～6。如果绿松石内部结构孔隙较大，其硬度通常只有 3～4，甚至低于 3。这类绿松石就不宜于用来加工饰品。绿松石内部越致密，结构越稳定，硬度越高。加工成饰品后泛着柔和的玻璃光泽或蜡状光泽，像玉石一样。也正因为绿松石硬度不及宝石，也不及玛瑙、水晶等半宝石，所以加工难度不大。雕刻物件、磨个珠子、做个薄片镶嵌等均不难，因此才得以在民间广泛流行，成为游牧民族的基础性文化元素。

因此，从蒙藏文化脱胎而来的清朝统治者，要是没有绿松石朝珠，那就大大不对了。

根据《清会典图考》记载："皇帝朝珠杂饰，唯天坛用青金石，地坛用琥珀，日坛用珊瑚，月坛用绿松石。"皇帝在月坛祭月佩挂的是绿松石朝珠。

到了清后期，由于慈禧太后对翡翠的酷爱，翡翠朝珠便成了绿色第一珠。清末，军阀混战，朝廷摇摇欲坠，从清宫里流出来

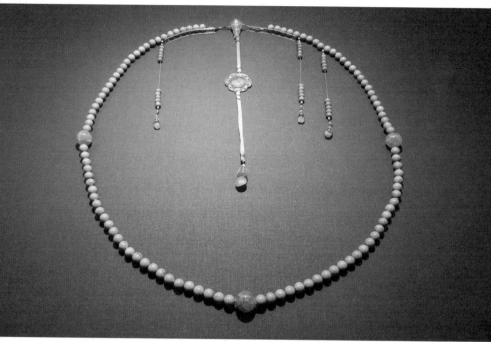

清·绿松石朝珠
作者摄于台北故宫博物院

的宝贝中，处在时尚流行潮头的翡翠是一个大项。民间对皇宫宝贝的认知，翡翠是第一个面熟的。

所以很多人接触朝珠，第一反应也是翡翠朝珠。这才有了本篇开头由翡翠引出的朝珠脉络。

2014年6月9日，三希堂国际拍卖有限公司在香港半岛酒店举行春季拍卖会。其中有盘改制后的108颗翡翠朝珠格外吸引人们的注意。拍卖的朝珠共108颗，总重342.3克，颗颗呈圆珠状，每颗大小几乎一致，最大颗的直径达1.2厘米。起拍价为1.8

亿元人民币。

拍卖行透露，这串朝珠的拥有者原为慈禧太后。后来慈禧将其赐给光绪帝，光绪又将之转赠给他最宠爱的妃子珍妃。1900年八国联军兵临城下，慈禧决定携光绪等一行人出走西安，走前强令珍妃自尽，并让太监将其推入井中。

这串朝珠此时的收藏者为彭水若先生，其父彭述曾是光绪帝的书法侍教。

当时三希堂春拍信息中，有称："按清朝贵族礼制，朝珠级别中数帝王绿翡翠最为名贵。此前，来自清末宫廷的27颗翡翠玉珠项链在苏富比春拍会上以2.1亿港元成交。拍卖行发言人认为，如果以此成交价为参考，这串朝珠最少值8亿港元。"

此言差矣。一是朝珠级别中最为名贵的是东珠朝珠。康熙帝制定朝服制度时，翡翠还远远没有进入清皇室的视野，不要说排不上号，连排的资格都没有；二是在苏富比春拍会上以2.1亿港元成交的27颗翡翠玉珠项链，就是我们开篇时说到的芭芭拉·赫顿委托卡地亚改制搭扣的那串翡翠项链，基本可断定不是来自清末宫廷；三是这两串珠子成色、品质差别很大，不可同日而语。

一串珠子6.8亿元人民币，在当时听来就是天价。

朝珠流拍了。慈禧这个名号，国人不怎么待见。据说流拍的原因不是价格高，而是这盘翡翠朝珠成色不够顶级，又改装成了现代风格，失去了朝珠应有的品味。

既然说到绿色，还是来欣赏一下我们自己的碧玉念珠吧。

朝珠虽然也是珠子，起源于念珠，与念珠非常像。但是很奇怪，朝珠的给人的感觉与珠子、念珠就是不同。朝珠从选材到造

碧玉念珠
作者自藏

型，都有种规矩的美感。我们曾见过一盘碧玺朝珠。珠子都特别
规整，用丝线那么一编，编成绦带，别提多精美了。再配上纪念，
纪念虽小、细碎，但细节毫不含糊。小坠是用红珊瑚绿松石做的。
红珊瑚小帽上有很精细的雕刻花纹，绿松石做成小葫芦状，特别
漂亮。所以朝珠整体给人的感觉是一种柔美的气质，有宫廷范。

　　西藏的念珠，一看就是多年贴身佩戴，甚至一世传一世，很
质朴，可能还有点脏。但朝珠给人的感觉是等级森严，很隆重。
两者气质完全不一样。

　　也许，珠子还是那些珠子，是文化融入其中，在我们脑海里
刻下不同的印记。